數據演算如何提供
行銷解決方案

消費者 行為
市場
分析技術

Marketing Analytics, 2nd edition,

麥可. 格里斯比—— 著

Mike Grigsby

張簡守展 譯

好評推薦

本書聚焦實務面，爲行銷組織提供寶貴的分析工具，協助從業人員以消費者爲中心執行各種分析。其內容的獨到之處在於超脫理論，輔助從業人員運用分析專業，終而了解消費者行爲及明辨商機。格里斯比的實務經驗豐富，不管什麼職位的行銷專業人員都應該好好拜讀本書。

—— 安娜・安德魯索瓦（Anna Andrusova）
美國連鎖百貨傑西潘尼（JCPenney）資深資料分析師

本書極適合從事策略及行銷領域的業界人士閱讀。在我讀過的書籍中，這是第一本涵蓋需求、市場區隔、選擇目標市場及計算分析結果等諸多課題的行銷書籍。隨著行銷工作日益講究，本書帶領讀者直擊行銷領域的現況，並提供所需的工具和計算模式。《消費者行爲市場分析技術》秉持理性立場，將行銷科學包裝成職場常見的情境，從一個我們都能有所共鳴的角色口中娓娓道來，敘述筆調平易近人。這些情境是基於探討的分析模型所發想，目的在於提高分析的投資報酬。

—— 伊莉莎白・強森（Elizabeth Johnson）
數位行銷科技公司 PathFormance 執行長

格里斯比在書中完美結合了理論與實務，並示範如何解決業界大規模行銷資料的相關問題。要是當初我剛踏進行銷領域時有這本書的協助，必能更快上手。

——傑夫·韋納（Jeff Weiner）
社會企業顧問公司 One10 分析部資深主管

本書著眼於實務層面，深入淺出，無疑是分析行銷從業人員的瑰寶。除了筆調詼諧，讀來幽默風趣，本書也是行銷分析的實用手冊。透過容易理解的例子，格里斯比清楚描繪出執行資料分析的整個過程，並突顯資料分析在更遠大的行銷和組織目標中，所扮演的角色。

——克雷格·阿姆斯壯（Craig Armstrong）
行銷公司 Targetbase 策略事業分析主管

本書非常適合從業人員閱讀，尤其是學過諸多理論，希望了解如何實際應用分析方法的讀者。若是理論基礎不深，但想一窺分析工作的實際樣貌，本書也是容易閱讀的絕佳首選。

——英格麗·郭（Ingrid Guo）
捷福林（Javelin）行銷集團（北京）價值主張、分析與管理主管

本書中，行銷分析專家麥可・格里斯比帶領行銷策略師展開一趟貼近現實的務實旅程，示範如何解決常見的行銷難題。作者結合統計學、行銷策略和消費者行為的相關概念與知識，針對當今業界常見的行銷問題，提供理性客觀且兼具創新的解決之道。每一章都值得讀者細細品味。

　　我最喜歡本書的地方是其簡單易懂的敘述風格，以及在真實工作情境中的實際運用。我們在執行任何類型的行銷工作時，勢必都曾遇過書中舉例的情況，很容易產生共鳴。此外，作者也介紹了行銷解決方案的評估方法，以及這些方法對企業的附加價值，這些也是我很欣賞的部分。本書為行銷科學開創了截然不同的嶄新視角，強烈推薦！

　　　　　　　　—— 克莉絲汀娜・多瑪瑟托斯卡（Kristina Domazetoska）
　　　　　　　　人才培養與輔導公司 Insala 專案經理與實務顧問

　　二版《消費者行為市場分析技術》是學生和分析師新手的必讀之作！本書說明了統計和行銷的概念，佐以實際案例，並提供不過度深入技術層面的解決方案。全書先從行銷分析領域所需的基礎統計概念說起，接著示範如何利用這些概念解決真實的商務難題。此外，書中也介紹大數據分析的概念，而且最重要的是，本書解釋了何謂真正的洞見。全書風格不拘小節，讀來輕鬆。我在求學及就職期間遇到各種行銷分析相關問題時，總是會翻開這本書，從中尋求啟發。

　　　　　　　　—— 艾克夏・柯爾（Akshay Kher）／ 分析工作業界人士

▊解決行銷和商業問題的全新思維

——比佛利・萊特（Beverly Wright）

BKV顧問公司分析部副總

　　在《消費者行為市場分析技術》中，麥可・格里斯比提供了一系列緊扣實務的解決方案，導入解決行銷和商業問題的全新思維。這本與實務息息相關的實用指南，以業界人員為目標讀者，但其內容精闢精采，相信學術圈也能獲益匪淺。

　　我很欣賞麥可寫這本書的初衷。他在書中點出幾種行銷領域常見的情況、契機和問題，提供忠告和逐步指示，本書可說是他回饋分析同業的無私貢獻。不管是新手、中等程度的分析師，還是經驗老到的分析專家，他都知道其個別需要的建議，因為這都是他這一路走來的親身領悟。

　　雖然麥可擁有行銷科學的博士學位，但實務經驗也相當豐富，從一開始擔任分析師，到最後當上分析部門副總，這一路的實戰經驗能帶領我們破解分析領域時常遇見的各種問題和職場挑戰。他對主題的掌握無庸置疑，他的熱情能感染讀者，而這能用我在本書中最愛的一句話概括道盡：「現在，我們要實際檢視一些數據並建立模型，這才是真正的趣味所在。」

　　麥可的學識深厚、經驗豐富，堪稱博學多聞的稱職作者。他

引領我們深入洞悉行銷這份有趣工作的真實面貌，灌輸我們需要具備的認知，不僅告訴我們如何做出更明智的決策，也讓我們能在重要的分析理論和方法上有所突破。

更具體來說，本書涵蓋相互關係類型的分析法，以及相依導向的分析法和相關模型，可協助我們解決行銷問題。麥可以一種近似交談的輕快語調（這相當引人入勝且充滿驚喜），提出他的論點：**終究，所有市場的根基都是消費者**，而他們的思維和感受隨時都在改變、難以捉摸，有時曖昧不明，令人摸不著頭緒；對消費者行為的深入了解，就是行銷的基礎。行銷人員想要確實掌握消費者行為，能做的就是好好花時間研究，深化自身的知識。無論是理想策略、成功營運標準、戰略決策、產品設計等方面，消費者都可以、也應該是焦點所在，因此深入了解消費者的行為、思想、意見、感受（尤其是與垂直市場、競爭對手和品牌相關的部分），完全合情合理。

本書在重點式說明消費者行為，以及概述基礎統計學和統計方法之後，接著透過虛構的分析師史考特（Scott）與主管的對話，以清楚的職場情境，帶領我們進入真實的商業脈絡。隨著這位主角在職場上不斷成長，我們可以發現，他對分析法的掌握也有長足的進步。他從原本坐在辦公室小隔間的新手分析師，一路升上領導團隊的資深分析主管。他面臨的問題愈來愈棘手，而他選擇分析法以應對當時狀況的過程，正反映了職場的現實——至少與我的經驗不謀而合。

我最推崇本書之處，在於其完整呈現解決問題的實境，而非紙上談兵般在真空環境中示範如何分析。麥可帶領我們從一開始發現問題、就問題本身展開溝通、由分析團隊界定問題，到挑

選分析方法、著手執行（從簡單技巧到稍微進階的方法），乃至最後解釋結果，並說明對公司的好處。這種罕見但相當完整的描述，即使為本書冠上「以行銷分析解決棘手問題」之類的書名（而非麥可選擇的簡短標題），也毫不為過。

　　讀完本書，你必定會重新思考目前所採取的方法，進而發掘更創新的方式，以精進市場分析技術，並調整溝通技巧。最重要的是，這本書適合所有人閱讀！

成功行銷分析師的經驗精髓

——唐・史密斯（Don Smith）

行銷解決方案公司「布萊爾利及帕特爾斯」分析長

麥可・格里斯比完成了不可能的任務：撰寫一本兼顧技術層面，同時也能運用到真實商業案例的行銷分析指南，而且全書讀來輕鬆愉悅（甚至讓人會心一笑！）。

初版《消費者行為市場分析技術》提供了簡單易懂的分析指南，滿足了新手奠定基礎以利身體力行的需求，因此不管在學界或業界都廣受好評。市面上充斥著大塊頭的統計書籍，內容充滿各種令人卻步的專業術語，比較適合學術研究而非行銷實務。相較之下，二版《消費者行為市場分析技術》保留了親切詼諧的文字風格，在分析師的書架上贏得兵家必爭的首席地位，分析師一有疑問就會率先翻閱。麥可加碼新增了「追蹤資料迴歸分析」（panel regression）和大數據分析的相關內容，以深入淺出的全新章節，為讀者描繪這些分析法（及其他提到的分析技術）的粗略概況與脈絡，進而回答一道基本（但時常難以理解）的問題：什麼是洞見？

本書的邏輯縝密，從基礎原則循序漸進地介紹到職場上預測模型所需的技能（依變數〔dependent variables，又稱應變數、

因變數〕類型的應用法）和市場區隔（相互關係類型的解決方案），最後以業界的各種重要主題，包括消費者行為的重要地位、檢定和推斷的邏輯，以及逐漸熱門的大數據分析等的處理方法作結。簡而言之，此版本總結了成功行銷分析師對各種分析法的想法精髓，無論是學生或行銷人員都不容錯過。

　　就本書對主題的探討方式而言，有幾個特點相當令人激賞。首先，作者對核心主題的描述總能提供豐富資訊，同時又切合實際。談到各種方法時，作者總是清楚說明該方法的使用時機和原因，並以務實且淺顯易懂的言語，闡述關鍵診斷和檢定數據。此外，每個主題都會由主角史考特現身說法，呈現他在職場上如何面對及解決益發複雜的商務問題，以例證強化說明（對話式的敘述風格令人耳目一新，讓整本書更加平易近人，趣味橫生）。不僅如此，「重點聚焦」更進一步介紹分析方法，麥可會提供實務案例，示範如何實際運用分析技術，回答他在職涯中遇過的各種商務問題。

　　最後，本書的目的之一，是要鼓勵讀者在實際從事分析工作時，採取以消費者為中心的觀點。麥可激勵讀者改採消費者的思維，據此量身訂做分析選項，全心探討消費者的決策過程和原因，以及身為行銷人員的我們如何影響他們的決定。

　　我很榮幸可以邀請麥可參加我們「布萊爾利及帕特爾斯」（Brierley ＋ Partners）的消費者洞見實務活動。我可以證實，麥可在本書所提供的見解，與他的實際作為言行一致，而且他不僅很有耐心地指導分析師學員，對我們的大客戶來說，他也是值得信任的優秀顧問。

　　隨著行銷分析領域持續快速發展，有抱負的從業人員和資深

分析師勢必得竭盡所能，確認解決方案是否根基於本書所倡導的各種技術，並以消費者為核心。

　　在現今的行銷產業中，新的接觸點和資訊來源無疑會持續湧現、爭奇鬥豔，分析師有必要保持清醒，用麥可懇切的忠告自我提醒：「一般而言，新資料來源不需搭配新的分析技術。」分析師需要做的，是接受以行動為導向的方法，善用分析技巧有意義地影響消費者決策，而這正是二版《消費者行為市場分析技術》中再清晰不過且不斷實踐的理念。

目錄

Chapter 5
誰最可能購買？　110

前言

　　本書一開始會先說明幾件事。我的本意並非要寫一本（典型的）教科書，雖然書中會提到一些教科書內容，這對說明某些事情很有幫助，但比起真正的學術書籍，這樣的論述仍嫌不足。簡單翻閱一下，你會發現裡面沒有任何數學論證，也沒有太多繁雜的方程式。本書旨在提供淺顯易懂的市場分析概述，透過概念式的說明（而非堆疊生硬的統計資料），幫助市場分析師釐清頭緒，以勝任工作要求。

　　換句話說，本書是為了從業人員（或希望從事相關行業的讀者）所寫。職場上的實際需求是本書關照的核心。

▍市場分析簡介

本書的目標讀者是誰？

　　本書並非定位於學術書籍，沒有充斥著數學演算的繁瑣細節及晦澀難懂的統計數據。書中偶爾難免需要引用方程式，但如果你感興趣的是計量經濟學的討論角度，你大概選錯書了。建議你參考威廉・格林（William H. Greene）的《計量經濟分析》（*Econometric Analysis, 1993*），以及麥克・因特里蓋特（Michael Intriligator）、羅納德・巴金（Ronald G. Bodkin）與蕭政（Cheng Hsiao）合著的《計量經濟模型、技術和應用》（*Econometric Models, Techniques and Applications, 1996*），這些都是很不錯的建議書籍。總之，本書的目標讀者不是統計人員，不過內容會涉及不少統計相關用語。

　　雖然書中偶爾會出現SAS（統計分析系統）程式，但本書並非程式教導手冊。如果你想了解商業智慧（business intelligence, BI），也就是涉及資料回報及視覺化的相關主題，本書並不適合你。

　　本書不是行銷策略指南，但行銷策略的確需要以市場分析為基礎，就像數學為科學之母一樣的道理。要是沒有策略上的價值，當然就不需要費心分析。策略並非分析師著重的要點，但對企業的影響深遠，也是行銷科學所關心的焦點。

　　那麼，本書適合哪些類型的讀者呢？不全然是專業的計量經濟人員或統計人員，不過書中內容或許可以滿足其部分需求。本書的預設讀者為行銷從業人員，或即將踏入相關行業的人。鎖定

的讀者包括：需清楚找出行銷目標的企業分析師、需知道哪些促銷活動效果最好的活動企畫經理、為提高效率而必須割捨部分客群的行銷人員、需設計及實施滿意度問卷調查的市調人員，以及需為產品和品牌設定最佳定價的價格分析師，諸如此類。

什麼是行銷科學？

承上所述，行銷科學是行銷領域的分析面。行銷科學（又稱市場分析）的宗旨在於設法量化因果關係。行銷科學並非矛盾修辭（像是「軍事」「情報」、「快樂」「婚姻」和「大」「蝦」等詞，複合詞的前後相互矛盾），而是行銷策略不可或缺（雖然仍不充分）的重要基石。行銷科學不僅止於設計廣告測試活動，其主要目的是要減少行銷人員做出錯誤決策的機率。雖然這無法取代管理者的判斷，但可在管理上劃定邊界、設立欄杆，引導管理者做出合適的策略性決策。從行銷研究乃至資料庫行銷，都是行銷科學涵蓋的範圍。

為什麼行銷科學如此重要？

行銷科學可量化消費者行為的因果關係。若你還未意識到的話，可先記住一個觀念：消費者行為是所有行銷活動的中心點、樞紐及核心。如果「行銷」不著重於消費者行為（不管是理解、鼓勵、改變等），最後得到的結果十之八九會偏離正軌。

行銷科學可為企業指明方向、提供資訊，而這類資訊正是支持企業續存的必要因素。如同有機體必須從所處環境中吸收資訊，才能適時改變、適應及演化，企業也必須掌握營運環境的變遷及脈動，才可以與時俱進。要是無法有效蒐集此類資訊，並據

以因應及成長，終究會逐漸凋零。不論是企業、組織或有機體，若要長久存活，就必須設法（從資料中）洞悉深入見解。沒錯，這只是簡單比喻，但你應該懂我的意思。

行銷科學可歸結出策略。除非了解前因後果，不然很難對症下藥。例如，你可以透過行銷科學得知哪個客群對價格很敏感、哪個族群喜歡哪種行銷企畫（Marcom）、哪項業務面臨競爭壓力、哪個類型的顧客不夠忠誠，諸如此類。一旦掌握（不同消費者族群）所適用的解方，產品組合就能調整到最佳狀態。

哪些工作的哪些人員需要行銷科學？

行銷科學（又稱為決策科學、分析、顧客關係管理、直效／資料庫行銷、消費者洞見、行銷研究等）的大多數從業人員，都傾向使用量化方式處理事情。他們的教育背景多少會涉及統計、量化經濟／經濟、數學、程式設計／電腦科學、商業／行銷／市場調查、策略、智慧化／營運等學科，而他們的經歷也必定會接觸以上部分或全部領域。理想的分析人才需具備卓越的量化能力，對於消費者行為及可能產生影響的各種策略，也要熟悉相關概念。不管是行銷的哪個面向，消費者行為依然是行銷科學所探討的核心焦點。

如果公司擁有顧客關係管理或直效／資料庫行銷相關業務，或是需做市場調查及問卷調查分析，通常就需要行銷科學。預測、試驗設計（DOE）、網站分析，甚至選擇行為（聯合分析），都是行銷科學的一部分。簡言之，只要經濟／行銷方面的資料運用了任何量化分析手法，就屬於行銷科學的範疇。雖然分析主題相當廣泛，但（一般來說）分析技術的數量相當有限。如

要了解此主題的實際應用，請參閱梅林・史東（Merlin Stone）、艾利森・龐德（Alison Bond）和布萊恩・福斯（Bryan Foss）等人（2004）合著的《顧客洞見》（*Consumer Insight*）。

為什麼我自認有資格出書談行銷科學？

好問題。我的職涯發展總是不離市場分析。超過二十五年以來，我的工作始終圍繞著直效行銷、顧客關係管理、資料庫行銷、行銷研究、決策科學、預測、市場區隔、試驗設計等領域。雖然我在大學及研究所主修金融，但在博士班時專攻行銷科學。我發表過幾篇業界專文及學術文章、在大學部及研究所任教、擔任研討會主講人，主題都跟行銷科學有關；此外，我也曾與戴爾（Dell）、惠普（HP）、蓋璞（Gap）、斯普林特（Sprint）等企業合作行銷科學相關計畫，並擔任 Targetbase 和「布萊爾利及帕特爾斯」的顧問。這些年來，我歸納整理出一些看法，想和大家分享。沒錯，我在德州生活超過十五年了。

本書秉持的方法及理念為何？

如同大多數非小說類作家一樣，我會動筆寫這本書，是因為在親身經驗中，曾希望能早點擁有這種（或類似的）參考書籍。據我所知，市面上還沒有一本這樣的書。

我進這一行至今幾十年，過程中有好幾次感覺迷惘，希望有人適時為我指點迷津，告訴我哪些分析技術最能解決當下的問題。我真的經歷過這種無助的時刻。我不需要數學導向的計量經濟學教科書，（像是 Greene 的著作或傑・克門特〔Jan Kmenta〕《計量經濟學的要素》〔*Elements of Econometrics*,1986〕等，都

是曠世巨作），也不需要一長串統計技術清單（像是喬瑟夫・海爾〔Joseph Hair〕等人合著的《多變量數據分析》〔*Multivariate Data Analysis*, 1998〕，或是山姆・凱什・卡奇根〔Sam Kash Kachigan〕的《多變量統計分析》〔*Multivariate Statistical Analysis*, 1991〕，都很值得參考）。

　　我需要的幫助，只是有一本（簡單易懂的）書可以翻閱，了解哪些技術可以幫我解決當下面臨的行銷問題。我希望這本書可以直截明瞭、簡明好讀，需要時可以隨手取用，甚至日後還可以向他人解說。如果這本書深入介紹更多技術層面的細節也沒關係，但在這之前必須先提供簡單明瞭的概念，指引我解決問題的方向。我需要的是一本以行銷爲主的書，告訴我如何運用統計／計量經濟學的技術，處理行銷問題，要是書中能提供範例及相對應的案例會更理想。於是，這本書就誕生了。

　　廣義來說，本書的理念與彼得・肯尼迪（Peter Kennedy）的《計量經濟學原理》（*A Guide to Econometrics,* 1998），以及格倫・爾本（Glenn L. Urban）和史蒂文・史達（Steven H. Star）合著的《先進行銷策略》（*Advanced Marketing Strategy,* 1991）相同，都會從二至三個層面分別說明各種技術。第一層面單純解釋概念，不牽涉任何數學，目標是要讓讀者完全理解。第二層面開始進入技術階段，適時運用SAS程式等需要的工具，示範相關要素、說明解讀方式等。最後，如有必要的話，則會繼續深入探討技術層面，以滿足專業人員的知識需求。

　　此外，書中也會穿插職場實例，提供運用分析解決行銷問題的眞實範例。史帝芬・索格（Stephan Sorger）於2013年出版《市場分析》（*Marketing Analytics*）一書，而我喜歡這本書開門

見山地強調可行動性（action-ability）。行銷科學必須要能化爲實際行動才有意義。我知道，有些極度講究學術研究的擁護者，在讀到書中的某些段落時，大概會因爲我把一些「劣質統計數據」放進書中而直呼不可置信。（舉例來說，若能找到具有共線性的自變數，預測的效果往往就能提升，這是一般我們耳熟能詳的概念。這實在令人震驚！）我想表達的重點是，就算模型不夠完美，還是遠勝於靜待學術高塔所崇尚的一百分狀態降臨。企業營運分秒必爭，一切與利益環環相扣，即使是不甚理想的洞見，多少還是能協助我們選擇行銷對象。簡單來說，本書與行銷科學所追求的，終究還是眞正有效的作法，而非發表於學術研究報告的成就。

前述內容都將以商業問題（也就是行銷問題）的形式呈現。例如，有個行銷人員需要選擇目標市場，學著做市場區隔。或是，有個顧問必須管理幫她做市場區隔的團隊，需對市場狀況略知一二，才能明智地處理問題。本書會先從何謂市場區隔、它對策略的意義，以及爲何需要先區隔市場等角度切入，接著詳述幾種區隔市場所需的分析技術，最後深入探討技術層面，提供更多統計圖表，再輔以一、兩個範例。書中的統計資料會一律使用SAS（或SPSS等）程式來處理，這麼做也能引導學生做好日後成爲分析師的準備。

總之，本書的理念是透過呈現職場實例（必須找到行銷問題的解答），從概念上說明各種可以回答該問題的行銷科學技術（著眼於二至三個層面逐漸深入探討）。接著，使用SAS等統計程式輸出圖表，展示技術的效用所在、解讀方式，以及如何運用該圖表解決商業問題。最後，如果需要的話，我會再進一步詳述技術細節。

那麼，就先從統計學的簡單介紹開始吧！

行銷科學
有哪些功用？

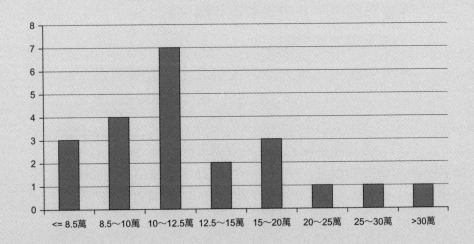

Chapter 1

統計學概略回顧

　　我們有必要簡單回顧一下基礎統計的幾個名詞。我保證，本篇大多只會說明概念，複習一下在統計學概論中學到的內容。另外，文中會穿插一些文字方塊，用以說明重要詞彙、術語的定義。

集中趨勢量數

　　首先，我們先從敘述統計學的角度切入，限制在單一變數來探討。先從集中趨勢量數開始吧！集中趨勢量數包括：平均數（mean）、中位數（median）和眾數（mode）。

> **平均數**：平均數是一種敘述統計方法，也是集中趨勢量數，計算方式是：所有觀察值的總和，除以觀察值的個數。

　　平均數的計算方式可表示如下：

$$\bar{X} = \frac{\sum xi}{n}$$

　　也就是說，加總所有觀察值（每一個X），接著除以觀察值的數量，得到的結果一般稱為「平均」，但我想提供另一個有關「平均」的觀點。

> **平均**：最具代表性的集中趨勢量數，不一定是平均數。

　　平均是一種集中趨勢量數，也是最常見、最具代表性的數值。換句話說，這個最具代表性的數值不一定是平均數，可能是中位數，甚至眾數。這是我們重溫統計思維的第一個反思。

　　我想說服你相信，在某些情況下，「中位數」會比「平均數」更能代表全貌，到時，中位數就相當於平均的地位，成為最具代

表性的數值。

> **中位數**：奇數個觀察值中，位於正中間的觀察值；若有偶數個觀察值，則為中間兩數值的平均數。

顧名思義，中位數就是位於中間的數字，代表第五十個百分位數，大於與小於該數值的觀察值數量會一樣多。

現在看看圖1.1中的房價。平均數為141,000，但中位數是110,000。哪個數字最能代表全貌呢？我認為是中位數，不是平均數，而且我也認為，中位數是此範例中最理想的集中趨勢量數。因此，中位數在此案例中的地位相當於我們習以為常的平均。我知道你在三年級課堂上學到的不是這樣，但你要習慣這一點。統計學可以讓人跳脫思考的窠臼，學會從新角度看事情。

圖1.1：房價

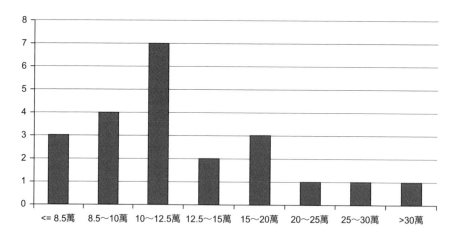

確切來說，我建議將最能描述前一頁長條圖的集中趨勢量數稱爲「平均」。「眾數」是指出現最多次的數字，「中位數」是位於正中間的數字，而「平均數」則是觀察值總和除以觀察值個數。

眾數：出現次數最多的數值。

　　平均是最具代表性的數值。當然，若是拿Excel做爲證據，可能無助於解釋這個論點，因爲Excel計算平均數的函數爲「=AVERAGE( )」，並非「=MEAN( )」。我曾試著聯絡比爾‧蓋茲（Bill Gates），想向他請教這個問題，但他至今還沒回我電話。

離散量數

　　光靠集中趨勢量數，還不足以充分描述變數（變數是指會變化的項目，例如房價）。變數的另一個面向就是離散，或稱為分布（spread）。

　　表示離散情形的三個量數分別為：全距（range）、變異數（variance）和標準差（standard deviation）。

> **全距**：表示離散或分布情形的量數，計算方法為：最大值減最小值。

　　全距是很簡單的概念，就是最大的觀察值與最小的觀察值相減。這個數值不是特別實用，尤其在行銷領域更是如此。

　　變異數是另一個離散或分布量數。

> **變異數**：一種分布量數，計算方法為：每一觀察值減平均數後平方，加總後除以「觀察值個數減一」。

　　概念上，先將各觀察值減去所有觀察值的平均數，接著將得到的數值平方並加總起來。

　　此數字再除以「觀察值總數減一」（表示為「n−1」）。

　　計算公式如下。對了，這是樣本變異數的公式，不是母體變異數的計算方法。

$$S^2 = \sum \frac{(X_i - \bar{X})^2}{n - 1}$$

表1.1：變異數

X	X-平均數	平方
2	-23	529.3
5	-20	400.3
8	-17	289.2
10.9	-14.1	199.3
13.9	-11.1	123.6
16.9	-8.1	65.9
19.9	-5.1	26.2
22.9	-2.1	4.5
25.9	0.9	0.8
28.9	3.9	15.1
31.9	6.9	47.4
33	8	63.9
34	9	80.9
35	10	99.9
36	11	120.9
39	14	195.8
42	17	288.8
45	20	399.7
平均數=25.0 計數=18		總和＝2,951.5 變異數＝173.6

（請注意，x̄代表樣本平均數，μ代表母體平均數，s代表樣本標準差，σ代表母體標準差。）

那麼，變異數能告訴我們什麼？很可惜的是，不多。從變異數可知（請參照前頁表1.1），這十八個變數的平均數為25，變異數（或分布）為173.6。不過，變異數可以幫助我們算出標準差，這個數值就能看出許多端倪了。

標準差：變異數的正平方根。

標準差的算法是對變異數求正平方根。在此範例中，173.6開根號得到13.17。那13.17代表什麼意義呢？標準差能在不考慮變數尺度（scale）影響的前提下，描述分布或離散情形。標準差有幾項特性。在相當符合常態分布的情形下，離散狀態會均勻分布於平均數兩側（此時，平均數等於眾數，也等於中位數）。換句話說，平均數25的兩側會呈現對稱分布。在此範例中，分布範圍為「25±13.17」；也就是說，整體來看，距離平均數一個標準差（±13.17）的範圍內，就會涵蓋68%的觀察值（請見表1.2）。

換個角度來說，根據中央極限定理（central limit theorem），隨著觀察值的數目增加，整體會漸趨常態分布。在常態（鐘形）曲線圖中，50%的觀察值會落在平均數左側，剩餘的50%則會落在平均數右側。標準差能傳達其他方法無法給予的變數資訊。

圖1.2：標準差

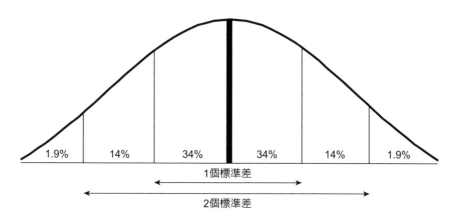

所以，只要說明變數的平均數為25、標準差為13.17，也就自然代表68%的觀察值落在11.8和38.2之間。憑著這一點，當我發現觀察值小於11.8，立即可知該數值較為罕見（或不尋常），因為68%的分布範圍必須大於11.8（並小於38.2）。

因此，一個標準差會涵蓋平均數以下34%和以上34%的範圍，第二個標準差會再往外擴大14%，第三個標準差僅占大約1.99%。也就是說，往平均數左側計算三個標準差，其涵蓋的範圍會是34%＋14%＋1.99%，將近50%的觀察值都會落於此範圍內。平均數以上（右側）也是同樣的道理。

舉個實際例子。眾所皆知，智商的平均數為100，標準差大約是15。這代表34%人口的智商會介於100和115之間，因為平均數100加上標準差15，得到115。第二個標準差會再額外計入14%的人口，也就是48%（34%＋14%）人口的智商會落在100和130之間。最後，只有不到2%會落在三個標準差以上的範

圍，亦即智商超過130。

標準差就是如此實用。透過這個數值，我們馬上就能知道分布狀況，或是特定觀察值發生的機率及不尋常的程度。

例如，要是智商測試結果顯示為150，由於此數值落於四個標準差以上的範圍，我們可判定此結果**相當**罕見（第一個標準差範圍為「100 － 115」，第二個為「115 － 130」，第三個標準差的範圍會擴及145，所以150相當於落在平均數以上3.33個標準差的位置）。

常態分布

我再多補充一些常態分布的概念。常態分布是傳統鐘形曲線，一大特色就是平均數、中位數和眾數都是同一個數值。常態分布是指「集中趨勢量數」（平均數、中位數及眾數）為對稱態勢，而標準差則是描述分布情形。這裡再補充一下中央極限定理。此定理指出，隨著n（也就是數量）增加，分布情形會逐漸趨近常態分布。如此一來，所有變數就能視為正常值。

接著，簡單說明Z分數（z-score），以便稍後應用。

Z分數：描述觀察值距離平均數多少個標準差的一種度量值。

Z分數可說明觀察值距離平均數多少個標準差，算法如下。

$$z\text{-score} = \frac{(X_i - \bar{X})}{s}$$

此數值的算法是將觀察值（Xi）減掉平均數，然後除以標準差，等於是將觀察值換算成該數值距離（大於或小於）平均數多少個標準差。再以智商為例，若觀察值為107.5，其Z分數為（107.5 － 100）／15，也就是0.5。換句話說，107.5的智商距離平均數只有一半標準差。由於一個標準差可以涵蓋平均數以上34%的範圍（100 － 115），Z分數0.5代表觀察值落於一半的位置，大約是超出平均數約17%之處。這代表該觀察值落在平均（即50%）以上17%處，也就是勝過67%的總人口。不過，還有17%＋14%＋1.99%（約33%）的人口智商高於此觀察值。

信賴區間

另一個需要知道的重要量數是信賴區間。信賴區間與「點估計」（point estimate，之後我們會時常使用）不同之處是，它是一種區間估計。在知道變異數的情況下，信賴區間可告訴我們觀察值的可能範圍。

信賴區間的公式如下：

$$CI = \bar{x} +/- z\left(\frac{s}{\sqrt{n}}\right)$$

這能得出上限和下限。計算方式是先取得平均數，接著加減 Z 分數（信賴水準為 95% 時會是 1.96）乘以標準誤差（亦即標準差除以觀察值個數 n 的平方根）。

假設我們想知道 16 個智商分數的 95% 信賴區間。若這些分數的標準差為 225（嚇到了嗎？），則信賴區間的算法如下：

$$CI = 100 +/- 1.96\left(\frac{225}{\sqrt{16}}\right) = [92.65 - 107.35]$$

也就是說，68% 的預期智商分數會落在 92.65 和 107.35 之間。

要注意，Z 分數和信賴區間的分母不一樣，前者使用的是標準差（s），後者則是使用標準差估計值（se）。

▌變數關係：共變異數與相關係數

以上所有敘述性討論都是有關單一變數，但請記住，變數可能不只一個。換言之，變數是一種不固定的東西。現在來談談兩個變數的情況，以及此情況下的敘述統計量數。

共變異數

共變異數跟變異數一樣，也能說明變數之間的變化關係。

> **共變異數：**兩個變數的離散或分布情形。

不過，共變異數也只是一個數字，沒有太大意義。此數值沒有規模大小的意涵，也沒有界限的概念，能詮釋的空間也不大。計算公式如下：

$$\text{Covar}_{xy} = \frac{\sum(X_i - \bar{x})(Y_i - \bar{y})}{n}$$

此數值主要藉助各觀察值 Y 相對於其平均數的變動情形，描述各觀察值 X 相對於其平均數的變化。接著將這些與平均數的差距加總起來，除以個數 n。再次強調，此數值幾乎毫無用處。

假設我們手上擁有表 1.2（見 p.39）的數據，計算出來的共變異數為 77.05，但它能傳達的意義實在不大。

相關係數

相關係數跟標準差一樣有其意義，而且是重要的量數之一。

> **相關係數**：描述相關程度與方向的變數，計算方式為X和Y的共變異數，除以X標準差與Y標準差的相乘結果。

相關係數可傳達兩個變數的相關程度和方向。此數值的範圍為負100%至正100%；若為負值，表示當X增加時，Y通常會隨之減少。

呈現高度相關（例如高達80%或90%）時，表示當X增加10，Y也會增加幾乎相同的幅度，或許8或9。表1.2數據的相關係數為87.9%，代表X和Y之間的關係相當緊密。相關係數的計算方式為：X和Y的共變異數，除以X標準差及Y標準差的相乘結果。也就是說，若要將共變異數換算成相關係數，只要先將X的標準差乘以Y的標準差，再以共變異數除以該數值即可。公式表示如下：

$$\rho = \frac{Covar(x,y)}{SxSy}$$

表1.2：共變異數與相關係數

X	Y
2	3
4	5
6	7
8	9
9	9
11	11
11	8
13	10
15	12
17	14
19	16
21	22
22	22
24	11
26	12
28	22
30	24
32	26
33	28
33	39

共變異數＝77.05
相關係數＝87.90%

機率與抽樣分布

　　機率無疑是統計中的一個重要觀念，在此統一簡單介紹。

　　首先是兩種思考方式：演繹法（deductive）和歸納法（inductive）。演繹法是大家最熟悉的思考模式，即根據邏輯原則，從因果關係中得出結論。由於其特質，得到的結論必定為真。不過，統計屬於歸納法，而非演繹法。歸納法思維主要是以樣本來推論母體的情況。也就是說，統計是用推論及概括的方式得出結論，因此機率才會派上用場。一般而言，在行銷領域中，我們無法取得資料集的整個母體，因此會利用取樣，以求見微知著。

　　先從理論層面說起。假設我們對 X 取樣資料，得到 1,000 個觀察值，其平均數為 50。理論上，我們可以無止盡地取樣，得出不同平均數。的確，在全部機率抽樣中，我們不會知道樣本數值落在何處（平均數 50）。如果我們從母體中大量抽樣，並計算樣本的平均數，即可構成抽樣分布（sampling distribution）。

　　舉例來說，現在有個木桶裝著 100,000 顆彈珠，這就是整個母體。這些彈珠中，10% 是紅色，90% 是白色。我們一次只能取樣 100 顆彈珠，從中計算紅彈珠的平均數。

　　依照此範例的設計，我們**早就知道**整體抽樣的紅彈珠平均數量會是 10%。但請注意，這無法保證任何一次 100 顆的抽樣行為都能得到 10%，這一點很重要。抽樣結果可能是 5%（機率為 3.39%）、14%（機率為 5.13%）。當然，平均下來會是 10%。只有 13.19% 的機會，抽樣結果會正好得到 10% 的紅彈珠！這些事實可從「二項分布」（binomial distribution）得知。

因此，我們的抽樣結果可能出乎意外，紅彈珠數量只有5%。發生這種情況的機率約莫為 3.39%，大概是 1/33，機率不算太低。此外，我們無法真正得知抽樣結果構成母體平均數為 10%的機率，此時就需搭配本章稍早討論過的信賴區間了。

· · ·

結論

以上就是簡單的統計學回顧，後續其他章節會再適時補充。現在就和我一起展開這趟有趣的探索之旅吧！

檢核表　　　　　　　　　　　　已達成 ☑

從眾人之中脫穎而出的必要條件

☐ 牢記集中趨勢的三個量數：平均數、中位數和眾數。

☐ 牢記離散的三個量數：全距、變異數和標準差。

☐ 時常指出平均的真實定義為「最」具代表性的數值，
　亦即**不一定要是平均數**，才有代表性。

☐ 檢視指標時，務必同時掌握集中趨勢和離散情形。

☐ 將 Z 分數視為一種表示觀察值發生機率的量數。

☐ 了解相關係數代表程度及方向兩個面向。

Chapter 2

消費者行為
與行銷策略原則

引言

　　或許你已經發現，本章結合了「消費者行為」和「行銷策略」兩個主題。這是因為行銷策略所探討的核心正是消費者行為，目的在於促進消費者行為，讓企業和消費者能夠雙贏。很多行銷人員大概會疑惑：那競爭者呢？他們不是行銷策略的一部分

嗎？答案是：不盡然如此。我知道，這個答案令人難以置信。

在理解消費者行為時，消費者對其他競爭廠商及產品的經驗，能提供部分洞見，但重點還是在於消費者行為本身，並非競爭。我知道大名鼎鼎的約翰・納許（John Nash），但他的賽局理論在本書的重要性不高，這是我刻意的安排。就像金融界有句話說：「搞定小錢，大錢自然水到渠成。」同理可證：「理解消費者，自然就能搞懂競爭層面。」

再次重申，行銷科學應該著重於消費者，**不是**競爭面向。一旦專注於市場競爭，你自然會捨棄行銷觀點，改採金融／經濟觀點看待一切。

▌消費者行為是行銷策略基礎

消費者是行銷領域的中心

我喜歡使用史蒂文・施納斯（Steven P. Schnaars）的《市場策略》（*Marketing Strategy,* 1997）一書，因為該書聚焦於消費者行為，而且我認為這樣的作法才正確。行銷的本質應以消費者為中心，其他方式在定義上都**不可**稱為行銷。行銷能產生財務成果，而要以行銷為導向，就必須將消費者擺在核心位置。換句話說，所有行銷活動的大方向都是學習及理解消費者行為，終而了解顧客行為。

概念上，行銷並非（僅）給予消費者所想要的東西，其中原

因包括：

1. 消費者想要的東西非常分歧。
2. 消費者想要的東西與企業的最低需求相互牴觸。
3. 消費者可能不知道自己想要什麼。行銷的工作就是要釐清、了解及鼓勵消費者行為，創造雙贏局面。

堅持以產品為中心的行銷人員

　　為了顧及天秤的另一端，我稍微提一下與消費者中心論背道而馳的產品經理。產品經理的工作重心在於開發產品，然後才尋找消費者來購買（第一時間想到的例子都是科技大廠，像是原本的惠普、蘋果公司等）。這種作法有時能奏效，但大多以失敗收場。克萊斯勒的休旅車策略，就是不顧消費者需求而擅自設定重點產品的代表案例。克萊斯勒執行長李‧艾科卡（Lee Iacocca）想設計及生產廂型車，但公司的市場研究結果顯示，市場需求不大。面對這種「介於轎車和（正規）露營車之間的廂型車」，消費者無不感到疑惑，毫無興趣。

　　艾科卡的思維走得太快，而他率先設計及生產這種車輛，後來拯救了克萊斯勒。什麼意思？第一，消費者不是永遠都知道自己想要什麼，尤其是面對前所未有的全新／創新產品時，更是如此。第二，不是所有人都擁有艾科卡的天賦。

▌消費者行為概述

消費者行為背景介紹

　　想深入淺出地了解消費者行為，最好的方式是從個體經濟學的「消費者議題」切入。大抵來說，此議題可以概括為以下三個問題：

1.（就商品／服務而言）消費者有哪些偏好？
2.消費者（在分配有限預算時）有哪些限制？
3.在資源有限的情況下，消費者會怎麼選擇？

　　以上的問題均假設消費者具備理性的判斷能力，且希望獲得最大程度的滿足。

　　我們來談談一般對於消費者偏好的假設。第一，偏好是全面考量後的結果，亦即消費者可以比較所有產品，排出心目中的喜好順序。第二，偏好具有遞移性（transitive）。這是數學上的準則：若喜歡 X 多過於 Y，且喜歡 Y 多過於 Z，可以知道消費者喜歡 X 多過於 Z。第三，消費者想擁有產品（產品本身具有「優良」品質或價值），也就是說，在不考慮成本的前提下，產品多多益善。

　　簡單了解以上各項假設就能清楚知道，這些假設是為了後續的數學運算所訂立，最終是要畫出相關曲線（大多數學生修習個體經濟學時，最害怕的就是各種曲線），並製作成簡單易懂的圖表。從這裡馬上可以解釋為何分析需要使用微積分。微積分必須

是平滑曲線且二階可微分（twice differentiability），才能運算。
正因為如此，我們必須設定一些放諸四海皆準的假設，尤其是
「其他所有條件維持不變」（ceteris paribus）。

決策流程

消費者會經歷購物（採購）流程，以決策分析做出選擇。並
非所有決策都應視為同等重要或複雜。依照選擇錯誤所帶來的風
險高低，消費者會決定採取「廣泛問題解決」（extended problem
solving）或「有限問題解決」（limited problem solving）模式。

若產品價格高昂、產品即將使用很長一段時間，或是首次購
買，消費者通常會使用廣泛問題解決模式。這類決定需要更審慎
的思考、評估及把關。

至於有限問題解決模式正好相反。當產品價格低廉、使用期
限短、重要性不高，或決策「錯誤」不會帶來太大的風險時，消
費者便會使用有限問題解決模式。很多時候，消費者會省略（以
下）一或多個步驟。這種選擇比較像是自然而然地發生，而且消
費者的選擇過程通常會剩下一個原則，像是過往的經驗、不喜歡
什麼品牌、價格多少才算便宜、鄰居分享了什麼心得等。

從消費者行為來看（可參閱詹姆斯・恩格爾〔James
Engel〕、羅格・布萊克威爾〔Roger Blackwell〕、保羅・密尼
亞德〔Paul W. Miniard〕等人合著的《消費者行為》〔*Consumer
Behavior*, 1995〕一書），典型的決策流程包括：確認需求、搜
尋資訊、處理資訊、評估產品、購買、購後評估。每個階段都有
不同的行銷機會，可對消費者產生影響及提供誘因。

確認需求

確認需求是開啓消費者決策流程的第一步。在這個階段中，消費者會意識到理想和現實之間有所落差。很多廣告的目的都是激發需求。不管是教育消費者認識真實需求（生存、滿足感），還是告知消費者假性需求（別落人後，快跟上潮流！），激發需求是一切的開端。

搜尋資訊

到了這個階段，消費者會回想聽過的消息，或他們對產品的認識，並根據產品需動用有限或廣泛參與模式，判定需要的決策能力。廣告和品牌塑造顯然會在此時發揮功用，使消費者了解產品的優點、差異等。

處理資訊

下一步驟是消費者消化、吸收取得的資訊及掌握的事實。行銷訊息策略通常**不希望**只爲消費者提供冷冰冰的資訊，再由他們自行處理，而是希望喚起他們腦中的品牌正面形象、從過往互動中獲得的滿足感，或是情緒上的忠誠。要是消費者無法「處理」資訊（例如嚴格地衡量價格和優點），他們可以藉助品牌資產／滿意度，協助自己迅速做出決定。行銷科學的工作，就是在「心意已決」的消費者之外，找到一群截然不同，且仍在考慮中的消費者。

購前評估產品

資訊處理完之後，就該進入最重要的最終比較階段：候選產

品是否具備優於消費者標準的屬性？換言之，在預算標準下，當消費者判定產品已通過最低門檻，產品可以帶來多少滿足感（即使用情況符合經濟效益）？

購買

最後，整個行銷漏斗的終極目標就是讓消費者願意購買，而達成交易就是最後一塊拼圖。這是消費者根據前述購物流程所得出的決定。實際的購買行為等於隱含以上（及以下）所有流程，也融入所有實際及消費者所認知的產品屬性。

購後評估

然而，消費者的決策流程（通常）不會終止於購買當下。一般而言，消費者會將原本認為（希望）使用產品能獲得的效用，與實際從產品得到（感受到）的滿足感相互比較。也就是說，忠誠度是從購買產品後才開始建立的。

現在，把消費者行為擺在最重要的核心位置後，該來思考公司的策略了。過程中，請務必時時提醒自己，競爭作為和消費者行為兩個角度之間的差異。

行銷策略概述

前面說明的核心都是消費者行為。行銷（若要稱為行銷的話）就是要理解消費者行為並提供誘因，設法使消費者和企業雙雙獲益。消費者希望透過偏愛的管道，以符合價值的價格取得需要的產品；而企業則需要忠誠度、消費者滿意度和業務成長。由於市場價格是由買方和賣方共同決定，行銷就是那股把賣方和買方推向交集的力量。

從前述說明可知，行銷策略已然演變成企業之間的對抗（主要是透過個體經濟）。換句話說，現今的行銷策略儼然岌岌可危，因為我們往往會忽略消費者行為的核心地位，反而跳進賽局理論之類的圈套，陷在商業競爭的泥沼中而不自知。

以下有關行銷策略的所有介紹，都可視為聚焦於消費者行為的直接結果，以及同業競爭的間接結果。總之，要在同業競爭中脫穎而出，必須鼓勵消費者採取行動。不如把這種情況想像成冰山：露出海平面的部分（同業競爭）是我們看見的冰山，但真正推移冰山的本體（刺激消費者行動）其實隱藏在海平面之下，（從其他企業的角度）無法看見。

行銷策略類型

所有人都應該認識麥可・波特（Michael Porter），拜讀他與競爭策略相關的重要文章和著作（1979/1980）。這是行銷策略成為一門學科的起點。

首先，麥可・波特詳細說明了激發競爭的各種因素（簡單來說，企業競爭的目的是什麼？就是獲取消費者的忠誠度），這

些因素分別為買家的議價能力、供應商的議價能力、新進廠商的威脅、現有同業的競爭,以及替代品的威脅。

- **買家的議價能力**:遇到要求降價的強勢買家,多少會損及企業獲利。換個角度來說,消費者對價格相當敏感。
- **供應商的議價能力**:潛在的價格上升因素(投入資源變多),會使企業獲利受到影響。唯有企業利潤低、企業無法漲價、消費者對價格敏感,才會激發供應商的議價能力。
- **新進廠商的威脅**:新競爭者進入市場,會減少現有企業的獲利。同時,消費者對價格相當敏感,而且熟知其他廠牌的類似產品。
- **競爭強度**:由於消費者選擇所造成的零和遊戲局面,競爭強度勢必會導致企業調降價格。市場上只有特定數量的潛在忠誠消費者,如果某企業爭取到一名顧客,往往意味著其他企業失去了一名顧客。
- **替代品的威脅**:消費者得以在價格較低的產品中做出選擇。

　　注意,這些策略(皆以企業競爭的形式表現)還是立基於消費者行為。我這麼說,會不會讓人覺得過於武斷?或許會,但這的確有助於我們聚焦於核心議題。

　　根據這些因素,企業可以更清楚競爭強度。產業愈是競爭,企業愈要有接受價格的能力,亦即單一企業影響價格的能力微乎其微,無法真正操控產品價格。

　　這會影響產業中每家企業的預期獲利。不過,企業可以評估自身的優勢與劣勢,決定是要投入競爭,還是獨善其身。

接著，麥可·波特做了一件很棒的事：他根據以上所述，設計了三大基本策略。企業可以打價格戰（當低價產品提供者）；企業可以塑造差異，專注於高階產品；企業也可以區隔市場，專心經營規模較小的利基市場。重點在於，企業必須確立明確策略，貫徹實行。很多時候，企業會像多頭馬車，什麼方向都想兼顧，但這往往分散了獲利能力。

不過，麥克·崔西（Michael Treacy）和佛瑞德·魏斯瑪（Fred Wiersema）採用了麥可·波特的架構，進一步深入探討（1997）。他們同樣提出三大策略（準則）：營運卓越（致力追求降低成本）、產品領導（專注發展較高階的差異化產品），以及貼近顧客（一種差異化／市場區隔策略）。從這裡可以發現，他們承接了麥可·波特的想法，並加以延伸。他們的論述都緊扣著相同的核心精神，亦即企業應該恪遵原則，傾全公司之力貫徹一個主要（且唯一）的核心策略。

消費者行為與應用

史帝芬·索格的大作《市場分析》簡要說明了攻擊型及防禦型競爭策略。以下摘述每種對策，並從消費者行為的觀點加以運用。

競爭攻勢與防禦型回應

● **迂迴攻擊**（Bypass attack，競爭對手涉入我們的產品範疇）：正確的因應之道是不斷探索新領域。還記得希奧多·李維特（Theodore Levitt）的〈行銷短視症〉（*Marketing myopia*, 1960）一文嗎？忘記的話，請重讀一遍，你在學校裡一定唸過這篇文

章。

- **圍堵攻擊**（Encirclement attack，競爭對手試圖以更強大的氣勢懾服我們）：正確的因應之道是釋出訊息，傳遞我們的產品更優異獨特及更具價值的事實。採用這個辦法時，必須持續監控訊息內容是否發揮效果。

- **側翼攻擊**（Flank attack，競爭對手試圖打擊我們的疲弱之處）：正確的因應之道是切勿顯露任何弱點。這同樣需要仔細監控，並釋放有關產品獨一無二、極具價值的訊息。

- **正面攻擊**（Frontal attack，競爭對手鎖定我們的優勢發動攻擊）：正確的因應之道是反攻對方的領地，但顯然這招鮮少被使用。

攻擊行動

- **區隔出新的市場**：這主要是運用行為區隔（behavioural segmentation，詳見後續市場區隔的相關章節），並促進消費者行為，建立雙贏關係。

- **設法進入市場**：這需要從產品搭售（bundling）、通路、購買計畫等方面了解消費者行為。

- **功能差異化**：鎖定潛在顧客推出最難以抗拒的產品及購買組合，延伸消費者需求。

・・・

結論

　　以上簡單介紹了消費者行為，以及這類行為在行銷策略中的應用。其中最重要的核心觀念，還是行銷科學（市場研究、行銷策略等）應聚焦於消費者行為。卓越的行銷應該以消費者為中心。聽起來很耳熟，對吧？

從眾人之中脫穎而出的必要條件

☐ 記住行銷的核心是消費者，**不是企業本身**。

☐ 指出消費者面對的課題，永遠是如何在有限預算下，追求產品使用及滿意度最大化。

☐ 推動任何分析專案時，想想消費者的決策流程。

☐ 提醒自己，策略應聚焦於消費者行為，並非競爭行為。

☐ 回想麥可・波特、麥克・崔西和佛瑞德・魏斯瑪提出的三大基本策略。

☐ 體會到競爭可以從消費者行為的角度探討。

Chapter 3

什麼是洞見？

▎引言

　　高階主管主要掌管執行面。他們的職務是透過決策率領企業或部門營運，而大多時候，他們都能做出正確的決定。這些決策都是基於客觀事實嗎？他們怎麼知道從何著手，調整重要指標的

未來走向？

　　分析的目的在於提供洞見。理想的決策會以優異的洞見爲依據，沒錯吧？但洞見可以直接使用嗎？運用頻率有多少？實際上，什麼是洞見？

高階主管通常不會採用洞見

　　一般而言，高階主管不會在企業或部門的營運相關決策中，採用洞見所提供的觀點。2005年8月份的《資訊周刊》（*Information Week*）指出，零售業中負責制定價格的主管大多是仰賴直覺決策，而非根據分析結果；只有大約5%的主管使用決策輔助系統。Rich、McCarthy和Harris（2009）發現，約有40%的重大決策並非奠基於事實或洞見之上，而是主管憑直覺行事的結果。波士頓諮詢公司的研究（Egan等人，2009）發現，市值至少15億美元的大企業中，不到25%的當家高階主管認爲，分析部門能賦予公司競爭優勢或促成正向的投資報酬率。

　　以下列舉幾個資深高階主管對於洞見的看法：

他們給我的意見甚至與公司業務無關。

　　　　　　　　　　　　　　　　——市值40億美元零售業的執行長

分析所獲得的結果通常微不足道，且爲時已晚。

　　　　　　　　　　　　　　　——市值120億美元製造商的營運長

我收到的建議大多數是手段，稱不上是策略。

—— 市值20億美元保險公司的策略副總

每當我對分析結果提出質疑，下一版的方向就會大轉彎。

—— 市值220億美元連鎖飯店的行銷長

未提供實際行動建議，只說明問題所在。

—— 市值330億美元娛樂集團的執行長

大多時候，我只看到他們對顯而易見的問題，提出零散瑣碎的建議。

—— 市值20億美元休閒餐飲事業的行銷長

　　如果這些意見足以代表真實情況，表示高階主管對號稱「洞見」的分析結果，普遍評價不高。他們收到的結果不甚實用，對公司業務產生不了影響。從以上心得似乎可以推知，資深高階主管並不信任分析結果。在他們眼中，分析師提供的建議沒有太大意義。

　　為什麼會這樣？預測分析所關注的課題完全緊扣著因果關係，為何會沒有參考價值？原因可能在於，即使是分析師也未必清楚掌握洞見的定義。

這算是洞見嗎？

　　或許連分析師都不清楚何謂洞見。又或許，他們的工作成果對高階主管毫無用處，是因為他們不了解高階主管需要什麼。以下列舉幾個我聽過的報告內容，這些號稱洞見的說法通常出自消費者洞見或進階分析相關小組，呈報對象是資深行銷主管：

- 來到店裡的顧客中，有92%穿著牛仔褲。
- 我們擁有業界評價最高的產品。
- 同店的年度淨營收跌幅超過3.5%。
- 顧客對我們品牌的信任度勝過其他品牌。
- 市場調查和獨立的實地測試結果均顯示，方案X的效果優於方案Y。
- 這呈現往上發展的趨勢。

　　最後一項「洞見」尤其令人失望。這應該只是觀察結果，不應該視為洞見。洞見應具備幾項耐人尋味的因素。

怎樣才稱得上是洞見？

接下來，我會試著釐清洞見的真正定義。

洞見須含有新資訊

內容必須是相關的新資訊，且不流於瑣碎。資訊必須不僅止於「這呈現往上發展的趨勢」之類的觀察描述，才稱得上是洞見。甚至最有趣的是，資訊也可能與直覺背道而馳。

我們在測試以行銷企畫為自變數的模型時，不只一次發現電子郵件呈現負面效果。換句話說，寄送愈多電子郵件，依變數（例如銷售量或營收）的數量不增反減。為什麼會這樣？電子郵件疲勞（email fatigue）是很常聽到的答案。

洞見須專注於了解消費者行為

行銷領域中，消費者至上。以消費者為中心是行銷的核心概念。一旦焦點有所偏差，也許就算不上是行銷，到時可能比較偏向財務、工程、銷售、營運或其他領域，並非正統的行銷。

行銷的整個重心在於理解、激勵及改變消費者行為，創造消費者與企業雙贏的局面。因此，仔細審視消費者的決策流程，時常能發揮極大價值。

洞見須量化因果關係

洞見的重點在於掌握因果關係。行銷人員需要握有對策，能以**行動**促成改變。洞見必須能夠衡量變數之間微妙的關係，即某一變數的變動會如何影響其他變數。

舉例來說，假設行銷人員推導出以下模型：

銷售數量＝f（季節性、消費者信心、公司稅率、產業成長及通貨膨脹）

我們能如何因應？從這裡可以得到什麼洞見？這能提供什麼行動靈感？行銷人員有什麼辦法可以應變嗎？沒有！行銷人員無法將這個模型轉化為任何具體行動，因此用途有限。

洞見須提供競爭優勢

洞見必須是競爭對手不知道的情報，而情報必須以明確的資訊為根據。洞見提供的情報必須使該企業處於較有競爭優勢的局面。

洞見須傳達財務意義

洞見應該要可以量測。不管是投資報酬率、邊際貢獻或風險評估，洞見都應該多少隱含些許財務意義。如果無法具體衡量營收或滿意度有所提升，或是開銷有所減少，就應該為分析的效力打上問號。

洞見必須能化為行動

　　前述各點可歸結到一個目標：轉化成實際行動。如果洞見可以化為前述各面向的實際行動，就能為行銷人員奠定更穩固的基礎，協助其做出更理想的決策。高階主管必須掌管執行面，必須做決策。要是決策都能以資料數據為依據，決策正確的機率就會提高。

　　分析師的職責是提供洞見。以上說明的目的是嘗試為洞見架構出定義，使洞見不只是單純的觀察，希望高階主管能實際**運用**分析師的工作成果，做出更理想的決策。

從眾人之中脫穎而出的必要條件

☐ 體認高階主管的工作是掌管執行面，亦即決策。依據資料做出的決策會較為理想、準確，且風險較低。

☐ 了解高階主管之所以**不使用分析結果**，是因為他們不信任分析：行銷人員提供的分析洞見太少，多半為後見之明，且內容簡單、顯而易見。

☐ 為洞見下新定義：洞見不只是觀察。

☐ 堅持洞見必須滿足以下條件：

　－含有新資訊。

　－專注於了解消費者行為。

　－量化因果關係。

　－提供競爭優勢。

　－傳達財務意義。

☐ 體會真正的分析洞見要能轉化為實際行動

Part 2

依變數分析技術

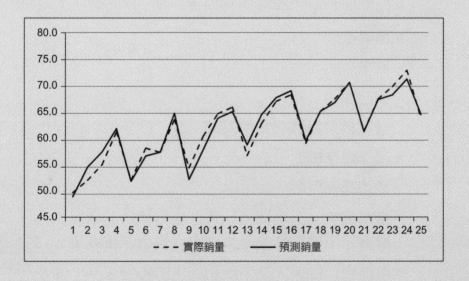

實際銷量 ----- 預測銷量 ————

Chapter 4

刺激需求的因素？
依變數模型建立技巧

引言

現在，我們要先探討第一個行銷問題：確定刺激需求的因素，並加以量化。行銷關注的是消費者行為（再次提醒，下文會深入補充），目的是要設法促使消費者購買。這些購買行為（一般是對應到銷量）就是經濟學家所謂的需求。（順帶一提，金融比較側重於供給面，兩者合一即為供需概念。還記得以前研讀的經濟學概論嗎？）

依附方程式類型與相互關係類型統計法

在深入探討前述問題之前，我先交代一些簡單定義。（一般）統計技術可分為兩種：「依附方程式類型」及「相互關係類型」。依附方程式類型的統計技術，主要是在處理確切的方程式時使用（可能是確定型方程式或機率方程式，請見下文）；相互關係類型的統計技術，則與方程式無關，而是關注變數之間的變化情形。這些只是因素分析及市場區隔的不同類型，稍後我們會加以說明及定義。本章先從方程式開始說起。

確定型方程式與機率方程式

先介紹兩種方程式：確定型方程式和機率方程式。確定型方程式是以代數形式呈現（y＝mx＋b），等號左右相等。

獲利＝營收－支出

只要知道其中兩個變數的數量，就能利用代數的觀念算出第三個變數。這**並非**統計學所處理的方程式類型，統計學處理的是機率方程式：

$Y = a + bX_i + e.$

此方程式中，Y是一個依變數（例如銷售額、銷售量或交易量），a是常數或截距，X是自變數（例如價格、廣告、季節性），b是係數或斜率，e是隨機誤差項。正是這個隨機誤差項，賦予這個方程式機率性質。Y不一定會剛好等於$a + bX_i$，因為還必須考慮隨機擾動（e）。平均而言，不妨將「Y」想成「$a + bX_i$」。

例如，假設「銷售額＝常數＋價格×斜率＋誤差」，亦即「銷售額＝a＋價格×b＋e.」。注意，Y（銷售額）取決於價格。

職場實例

　　假設有個名叫史考特的男性，在電腦製造商擔任分析經理。他是經濟學碩士，從事分析工作已經有四年的資歷。從他踏入職場開始，大半時間都是擔任SAS程式設計師一職，直到最近才運用統計分析獲取洞見，為行銷科學提供輔助。

　　史考特的老闆把他叫進辦公室。他的老闆是很優秀的策略高手，擁有直效行銷背景，但對計量經濟和分析較不在行。

　　「史考特，我們需要想辦法預測銷量，最好還能找出提高銷量的因素。掌握這些因素後，我們才能實施對策，提高本季銷售表現。」老闆說道。

　　「在這個需求模型中，銷量與產品、價格和廣告息息相關？」史考特問道。

　　「沒錯。」

　　史考特吸了一大口氣後說：「我來想辦法。」

　　當晚，他認真思考這件事，逐漸有點想法。首先，他必須釐清因果關係（需求取決於……），接著取得合適的資料。

　　暫且不管目前可能擁有或缺少什麼資料，建立理論模型一向是明智的開始。首先，試著了解資料的產生過程（這個結果是起因於A或B），接著整理出建構模型時可實際運用的資料（或代用資料）。

　　若能針對你認為足以導致依變數有所變化的重要自變數（位於等號右側），假設一個可能徵兆，也是聰明的作法。記

住，依變數（位於等號左側）會隨著自變數（位於等號右側）而改變。

例如，眾所皆知，價格可能是銷量需求模型的重要變數，而且兩者成反比關係。也就是說，隨著價格上升，銷量通常會下降。這是需求法則。如果暫且不論「大多數經濟預測都會失準」這條鐵律之外（有人開玩笑說：「過去七次經濟衰退，有十二次都是經濟學家所預測的。」），需求法則堪稱整個經濟學的唯一法則。

（如果你堅持一定有例外，沒錯，的確有一種稱為「季芬財」〔Giffen good〕的商品。這種奇特的產品在價格上漲後反而會提高需求。這通常不會是一般商品，只有像藝術品或名酒等奢侈品，才可能有這種情況。至於行銷人員所負責的大多數產品都屬於一般商品，應會遵循需求法則：價格增加，數量〔銷量〕減少。）

所以，史考特認為價格和廣告支出是刺激需求的重要因素，而季節性應該也會有所影響。他在公司是負責消費者端的業務，因此不難發現，開學季和聖誕節前後都是需求旺盛的時候。

他覺得銷量數據及平均售價應該很容易取得。季節性也很簡單，這只是一個說明一年之中某段期間（例如一季）銷售情形的變數。廣告支出（消費者市場面向）可能有點棘手，但假設他可以動用一些關係，拿到足夠的數據，讓他對公司投入消費者市場的每季平均廣告支出有個概念。

這些季度銷量、平均售價和廣告支出，可以建構起時間

序列模型，依期間、季度清楚呈現。（技術補充部分會再鎖定時間序列模型，提供些許計量經濟方面的建議，尤其會著墨於序列相關的模型。）

現在，我們先確認史考特是否確切掌握了眼前的問題。他會使用一般迴歸（普通最小平方法，ordinary least squares，OLS）的依變數方法，了解（量化）季節性、廣告支出和價格，對銷量的影響（解釋銷量的變動如何受到前三者牽引）。這種方式稱為「結構分析」，亦即試著理解資料產生流程的結構，嘗試釐清價格、廣告支出和季節性可如何解釋或影響銷量的（大多數）變化，並予以量化。

分析結束後，他就能在簡報中確切指出，廣告支出能否顯著影響銷量（他可能必須先確定廣告商不在現場），以及十二月和一月的銷量是否分別為正成長和負成長。諸如此類的問題將能迎刃而解。

現在，史考特準備著手建構一般迴歸模型了。

概念說明

一般迴歸是一種常見的統計方法，不僅眾所皆知，相關研究也相當成熟，發展至今已有超過兩百年的歷史。記住，迴歸是一種依變數統計手法，可表示為「$Y = a + bX_i + e$」，其中 e 是隨機誤差項，不一定每次都會出現，但其影響力會體現於變數的分布情形。

一般迴歸：一種統計方法，其中依變數取決於一或多個自變數（以及誤差項）的變化。

簡單迴歸會有一個自變數，而多元迴歸則會有多個自變數，表示如下：

$$y = a + b_1x_1 + b_2x_2... + b_nx_n$$

史考特應老闆之託所建立的模型屬於多元迴歸，因為其中涉及多個自變數。

模型建立後，我們就能判斷每個變數的重要程度（查看其係數或斜率），以及變數是否顯著（根據變化程度判斷）。這是結構分析的核心，也就是將電腦需求的結構予以量化。

所以，史考特收集了資料（詳見表4.1）、跑了模型，並檢視模型是否符合現實。模型如下：

$$銷量＝價格＋廣告$$

有個常見的適合度（goodness of fit）衡量方法，稱為R^2。R^2是指相關係數平方，在此案例中，即為實際銷量與預測銷量的相關係數。相關係數可衡量強度和方向，R^2則可評估共享變異（解釋能力），結果可能是0%至100%。

（補充一個有趣的小故事，雖然不是很實用，也有點瑣碎。R^2這個名稱是指R的平方，而R是指相關係數，一般是

以希臘字母 ρ 表示，你知道為什麼嗎？因為希臘數字中，$\alpha = 1$、$\beta = 2$，以此類推，$\rho = 100$（有點像羅馬數字中，$I = 1$、$II = 2$、$C = 100$）。請記住，相關係數的範圍是負 100% 至正 100%。ρ 就相當於英文的 R。跟其他學分析的朋友分享這件事，他們一定會對你刮目相看。）

注意，表 4.1 是季度資料，我們稍後很快會提到這一點。史考特建立一般迴歸模型後，整理出表 4.2 的數據。

表4.1：需求模型資料

季度	銷量	平均價格	廣告支出
1	50	1,400	6,250
2	52.5	1,250	6,565
3	55.7	1,199	6,999
4	62.3	1,099	7,799
1	52.5	1,299	6,555
2	59	1,200	7,333
3	58.2	1,211	7,266
……	……	……	……

表4.2：一般迴歸

	廣告支出	平均價格	常數
係數	0.0007	-0.0412	101.83
標準誤差	0.0003	0.0047	
R^2	83%		
t值	2.72	-8.67	

第一列是係數的估計值，也就是斜率。注意，價格是負數，與當初的假設相符。第二列是標準誤差，即變數的估計標準差，可衡量離散程度。

> **標準誤差**：樣本標準差的估計值，算法是樣本標準差除以觀察項個數的正平方根。

談談顯著性吧！在行銷領域中，我們通常採用95%的信賴水準。還記得Z分數嗎？95%信賴水準的Z分數是1.96，與p值小於0.05時相同。所以，如果t值（係數除以標準誤差）大於|1.96|，變數即可視為顯著。所謂顯著性，是指變數影響力為0的機率低於5%，而且t檢定中，變數的影響力表現有95%的標準常態分布觀察項，落於＋／－1.96的Z分數區間之內。

請注意，廣告支出的係數為0.0007（四捨五入），標準誤差為0.0003（四捨五入）。t值（係數除以標準誤差）為2.72，大於1.96，因此可判定此變數為顯著正相關（廣告商應該鬆了一口氣）。同樣的道理，價格也呈現顯著表現（小於1.96），且一如預期為負相關。

現在談談適合度，只有這兩個變數的情況下，模型的效果究竟如何？R^2是適合度的常見評估法，此案例中，該值為83%。也就是說，實際與預測的銷量之間，有83%的變化一致；換個方式來說，實際依變數有83%的變動情形，可從自變數來「解釋」。可以這麼理解：銷量變動中，有83%可以

歸因於價格和廣告支出。這結果看起來相當不錯，解釋力很強。史考特的老闆會希望他建立這個模型，大概就是因為如此。

下一步，史考特必須加入「季節性」這項因素。在他的假設中，這是一項可以影響電腦銷量的變數。他手上握有每季的數據，所以這個步驟可說是輕而易舉。於是，新的模型會變成：銷量＝價格＋廣告＋季節性。

這裡介紹一下虛擬變數（也稱為「二元變數」，亦即只有1或0兩種數值）。這種變數時常俗稱為「斜率位移項」（slope shifter），因為其可（「開啓」為1時）將斜率係數上下移動。二元變數的概念，就是要說明兩種本質上的變化：開關、對錯、買或不買、回應或不回應、是不是Q1，諸如此類。

史考特建立的是季度模型，因此與其使用具有四個值（1、2、3、4）的季度做為變數，他選擇擁有三個虛擬（二元）變數的模型，即Q2、Q3和Q4，其個別為0或1。如此一來，他就可以量化季度本身產生的影響。部分資料如表4.3所示。

補充說明

採用二元變數建構分析系統時，不可以用上所有數據。舉例來說，若要建立季度模型，你必須拿掉其中一季的數據，否則模型無法有確切的解答（實際上是試著以0相除），最後落入「虛擬變數陷阱」（dummy trap）。因此，史考特

季度	銷量	平均價格	廣告支出	Q2	Q3	Q4
1	50	1,400	6,250	0	0	0
2	52.5	1,250	6,565	1	0	0
3	55.7	1,199	6,999	0	1	0
4	62.3	1,099	7,799	0	0	1
1	52.5	1,299	6,555	0	0	0
2	59	1,200	7,333	1	0	0
3	58.2	1,211	7,266	0	1	0
4	64.8	999	8,111	0	0	1
1	55	1,299	6,877	0	0	0
2	61.5	1,166	7,688	1	0	0

決定拿掉Q1，亦即各季的係數最後都會與Q1比較。意思就是，Q1成了基準。

接下來，我們要探討新模型（表4.4）的結果和診斷。首先請注意，R^2提高到95%，代表增加每季資料的確提升了模型的適合度。換句話說，價格、廣告支出和季節性，現在足以解釋95%的銷量變動，效果顯著。這個模型的成效更佳。請留意價格和廣告係數的變化。

為了解釋模型所傳達的意義和用途，接下來我們會開始運用模型跑出來的結果。

表4.4：迴歸結果

	Q4	Q3	Q2	廣告支出	平均價格	常數
係數	3.825	2.689	1.533	0.0011	-0.0275	80.7153
標準誤差	1.36	1.157	0.997	0.0003	0.0064	9.8496
R^2	95%					
t值	2.81	2.32	1.54	4.1	-4.3	8.19

分析結果與職場實例應用

所以，以上數據告訴了我們什麼？光有分析而不轉化成策略實際運用，就像電影中充斥著華麗特效，但缺乏劇情支撐，可說毫無意義。史考特再次審視手上的圖表和數據，自認可歸結出條理分明的看法，並化為具體行動。

同樣地，衡量適合度的R^2大於95%，代表自變數解釋銷量變化的成效極佳。除了Q2之外，所有變數都達到95%的顯著水準（Z分數＞|1.96|）。代表變數的係數全部展現預期的徵兆。史考特將每一季的數據與Q1（為避免虛擬變數陷阱而予以捨棄）相互比較後，發現所有結果均為正數，表示其他季的表現平均都大於Q1。

一般迴歸的效用在於，這能考量其他所有變數，區分出每個自變數的影響。換句話說，在其他所有變數維持不變的情況下，分次將每一個變數的影響量化。意思就是說，綜觀所有變數，Q4的銷量會比Q1增加約3.825。二元變數之所以俗稱為斜率移位器，原因即在此。不管價格或廣告支出如何，只要「開啟」Q4，銷量就會增加3.825。一旦想到年末

銷量通常都會勁揚的普遍現象，這些季度銷量預估似乎就合理多了。

　　廣告對銷量的影響也呈現正向顯著關係。係數0.0011表示廣告支出每增加1,000，銷量通常能提高1.1。

　　現在看一下價格。價格係數為負0.0275，符合預期。假設價格增加100，銷量通常會減少2.75。那麼，以上所有觀察可以如何應用？除了體會量化的價值之外，更重要的，是要計算價格彈性。

製作彈性模型

　　彈性是一種個體經濟上的計算結果，可顯示在某刺激因素的百分比變化下，會引起回應因素多少百分比的變動。以我們的案例來說，就是價格的百分比變動，會造成銷量產生多少百分比的變化。

> **彈性**：無關規模或維度的一種指標，亦即某一輸入變數的百分比變化，會導致輸出變數產生多大程度的變動。

　　若使用迴歸方程式，彈性的計算方法為：價格係數 × 平均數量（銷量）的平均價格。

$$彈性 = Bp\ \bar{p}/\bar{q}$$

　　平均價格為 1,102，實際銷售的平均數量為 63，因此價格彈性計算如下：

$$-0.0275 \times 1,102/63 = -0.48$$

　　意思是，如果價格上升 10%，銷量會減少約 4.8%。此資訊具有豐富的策略意義，史考特和團隊可參考此結果，將產品調整至最理想的價格，藉以獲得最大銷量。後續會再針對此主題補充更多內容。

　　簡單複習一下，彈性可分為兩種狀況：具有彈性及無彈性。

需求具有彈性：需求曲線上，輸入變數變化，會導致輸出變數產生較大的變化。

無彈性是指價格上升 X%，但銷量減少的幅度小於 X%。

需求無彈性：需求曲線上，輸入變數變化，會導致輸出變數產生較小的變化。

換句話說，假設價格即將上升 10%，銷量減少（別忘了需求法則：價格上升，數量下降）的幅度會少於 10%。亦即，若彈性小於 |1.00|，表示需求無彈性（銷量對價格變動不敏感）；若彈性大於 |1.00|，表示需求具有彈性。

為何掌握彈性很重要？有個簡單的理由：這能告訴我們價格對總收入的影響。在無彈性的需求曲線上，總收入會與價格亦步亦趨。要是價格上升，總收入也會增加。數學範例請見下方的表4.5。

表4.5：彈性、無彈性和總收入

無彈性	0.075			漲價幅度	10.00%
p1	10.00	p2	11.00		10.00%
u1	1,000	u2	993		-0.75%
tr1	10,000	tr2	10,918		9.20%
有彈性	1.25			漲價幅度	10.00%
p1	10.00	p2	11.00		10.00%
u1	1,000	u2	875		-12.50%
tr1	10,000	tr2	9,625		-3.80%

簡單補充彈性模型的一項常見錯誤。大家都知道，要是對所有數據（依變數和自變數）求自然對數，就不需計算彈性。彈性可從係數直接得知，也就是說，Beta 係數（beta coefficient）**即為彈性**。

$$\ln(y) = b_1 \ln(x_1) + b_2 \ln(x_2) \ldots + b_n \ln(x_n)$$

此方法的問題在於，雖然計算方式比較簡單（不必計算價格平均數和銷量平均數），但以自然對數處理所有數據，必須假定彈性為一個常數。這樣的假定的確很有勇氣。若說價格變動5%和25%所引發的影響相同，大部分行銷人員一定會直覺反應不太對勁。如果以對數建構模型，原本的數據通常可繪製成凹曲線。如需進一步從行銷觀點了解彈性模型，請參閱我發表於《Canadian Journal of Marketing Research》 的〈Modeling elasticity〉（Grigsby, 2002）一文。

模型應用

一般迴歸方程式該如何運用呢？更具體地說，該如何預測產品銷量？

圖4.1同時顯示實際銷量及預測銷量。從圖中可知預測銷量與實際銷量的吻合程度。方程式可表示為：

$$Y = a + b_1 x_1 + b_2 x_2 \ldots + b_n x_n \text{ 或}$$

銷量＝常數＋$b_1 \times$q2＋$b_2 \times$q3＋$b_3 \times$q4＋$b_4 \times$ 價格＋$b_5 \times$ 廣告

圖4.1：實際銷量與預測銷量

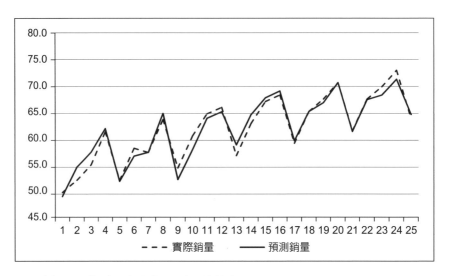

第二個觀察項（表4.6）計算如下：

$$80.7 +（3.8×0）+（2.6×0）+（1.533×1）+$$
$$（0.0011×6,565）-（0.0275×1,250）= 55.2$$

表4.6：平均價格與廣告支出

季度	銷量	平均價格	廣告支出	Q2	Q3	Q4	預測銷量
1	50.0	1,400	6,250	0	0	0	49.2
2	52.5	1,250	6,565	1	0	0	55.2
3	55.7	1,199	6,999	0	1	0	58.2
4	62.3	1,099	7,799	0	0	1	63.0
1	52.5	1,299	6,555	0	0	0	52.3
2	59.0	1,200	7,333	1	0	0	57.5
3	58.2	1,211	7,266	0	1	0	58.2

技術補充說明

　　接下來，我們會詳細說明一般建構模型的相關背景資訊，並特別介紹迴歸模型。這部分會比較深入技術層面，但對全面理解模型建構有其必要。

　　首先，請注意迴歸有其先天的「包袱」，亦即一旦違反某些假設（且部分有某種程度上的違逆），模型就會出現瑕疵或偏誤。承接前文所述，彼得‧肯尼迪於1998年出版的《計量經濟學原理》，是經濟學的傑出著作之一。這是因為該書從解說概念出發，接著再加入技術及統計方面的詳細說明，對有心及需要了解該主題的讀者而言，是很不錯的方式。他在書中解釋了迴歸的假設與假設的缺失等相關資訊。本書採取類似的理念，因此會補充一些技術層面的詳細說明，但不一定會牽涉到數學。

假設

- **第一項假設**：主要界定函數形式，即依變數（前述的銷量）可表示為線性方程式。此一依變數取決於自變數（前述的季節性、價格和廣告），以及某些隨機誤差項。
- **第二項假設**：主要界定誤差項，即誤差項的平均值為零。
- **第三項假設**：同樣是界定誤差項，即誤差項對所有自變數具有類似的變異量，也就是具有所謂的變異數同質（homoscedasticity），且某一期間的誤差項與（後續）其他期間的誤差項不相關，亦即無序列相關（或自相關）關係。
- **第四項假設**：主要界定自變數，即在重複抽樣中，自變數保持不變。

● **第五項假設**：同樣是界定自變數，即自變數之間沒有確切的關聯性，亦即不具「完全共線性」（perfect collinearity）。

以上假設必須全數符合，迴歸模型才能成立，也才可以解讀、無偏誤、有效率，且結果一致。只要有任何假設不成立，代表模型必須有所調整，以抵消假設不成立所衍生的結果。換言之，理想的模型建構過程中，必須針對每個假設逐一檢測，若模型無法通過檢定，就需要修正。而要做到這一點，勢必得先了解各個假設不成立會導致什麼後果。

後續討論職場實例時，前述各點都會逐一探討。現在，我們先談談序列相關。所謂序列相關，是指 X 期間的誤差項會與 X ＋ 1 期間的誤差項相關，且放到整個資料集中均能成立。序列相關在時間序列中相當普遍，必須正視。

有個簡單的檢測方式稱為「杜賓—瓦森檢定」（Durbin—Watson test），在 SAS 程式中執行，即可輕鬆確定序列相關的程度。如果檢定結果只有 2.00 左右，則無需擔心序列相關的問題。

要是違反「誤差項不得具有關聯性」的假設，標準誤差就會產生向下偏誤的現象，亦即標準誤差比應有的數值更小。換句話說，t 值（顯著性衡量指標）會比實際情況更高（看似更為顯著）。這個問題不容忽視。

序列相關的修正作業（至少適用於單一期間的相關案例）稱為「Cochrane—Orcutt 程序」（不過，SAS 輸出其實是做了「Yule—Walker」的估計，可將第一個觀察項放回資料集），這基本上可以轉換誤差項落後一期（1-period lag）的所有數據。模型和杜賓—瓦森檢定都反覆執行，我們再使用最後的結果。

從表 4.7 和 4.8 可以看到，杜賓—瓦森檢定結果接近 2.0（從

1.08到1.93），表示模型轉換似乎發揮了功效。注意係數的變化：價格從負0.0256變成負0.0274，且標準誤差從0.006變成0.004，顯著性也跟著提升。

既然序列相關的問題已處理妥當，對於解釋模型效果的信心也就隨之增加。不過，我還是補充一下剛才提到的序列相關和診斷及修正。

雖然大部分的序列相關問題，都會採計前一期的資料（稱為「一階自我迴歸」或「AR(1)模型」），但這並不代表沒有其他類型的序列問題。這有一部分是取決於提供的資料類型。如果是每日數據，時常會使用AR(7)模型，這意味著七期之前的資料，會比一期之前的資料具有更強的關聯性。如果是每月數據，往往會採用AR(12)模型，以此類推。

請記住，杜賓—瓦森檢定只適合AR(1)。也就是說，要是使用每日數據，每個星期一通常會與其他所有星期一相關，以此類推，而這就是AR(7)類型的序列相關，並非AR(1)。因此，每日數據通常會採計七個之前的觀察項、每月數據會使用十二個之前的觀察項、季度數據會採取四個之前的觀察項，以此類推。

表4.7：序列相關

變數	估計值	標準誤差	t值
截距	78.47	6.41	12.24
價格	-0.0256	0.006	-4.27
廣告	0.001109	0.00019	5.65
Q2	1.5723	0.7422	2.12
Q3	2.9698	1.0038	2.96
Q4	4.375	0.8948	4.87
R^2	98.61%		
杜賓—瓦森檢定	1.08		

表4.8：序列相關

變數	估計值	標準誤差	t值
截距	78.47	6.41	12.24
價格	-0.0274	0.004	-6.17
廣告	0.001109	0.00019	5.65
Q2	1.5723	0.7422	2.12
Q3	2.9698	1.0038	2.96
Q4	4.375	0.8948	4.87
R^2	98.61%		
杜賓—瓦森檢定	1.93		

市場區隔和彈性模型有助於
零售／醫療診所體系創造最大營收
（現場測試結果）

摘要

醫療產品或服務大多價格敏感度低。但這並不表示，創造最高營收的最佳辦法，是對所有地區的所有診所，無差別地單方面調高所有產品或服務的價格。應該還是有部分消費者、地區、市場、診所、產品或服務，對價格敏感。此時，市場分析就需要為行銷人員提供指引，協助他們善用這些商機。

我使用某家全國連鎖大型零售商及醫療機構的交易和問卷資料，收集了兩年內各種產品或服務的銷量、實付價格、營收等資料，並依消費者和診所加以分類統整。我透過電話問卷的方式，對該公司旗下各診所附近的三家診所，調查特定產品或服務的「實際」售價，藉此確定各產品或服務具有競爭性的價格。藉由此方法，我收集了多種產品或服務的自家價格及交叉價格，以此建立資料集。

有鑑於消費者購買行為，大多可歸因於診所之間的差異（人員編制、員工態度、診所地點、營收成長、營運折扣等因素），我也特地區隔了診所市場。這是為了說明診所如何影響（促成）某些消費者行為，而非探討消費者對診所自家價格和交叉價格的被動回應。舉例來說，某郊區的醫療市場證明很龐大（以診所數

量來說），服務的對象大多爲忠誠顧客。相形之下，另一都會區的市場就顯得很小，上門的消費者大多是病人，他們大多對診所的服務不滿意，不忠誠的顧客爲數不少。很明顯地，控制這類差異就很重要。

完成市場區隔之後，我又針對每個市場的特定產品或服務，建構彈性模型。結果顯示，市場以及產品或服務之間，對價格的敏感度不盡相同。這能詳盡說明，爲何單純調升該連鎖診所全部產品／服務的價格，對營收的成效不彰。若要創造最大營收，反而應調降診所內價格敏感的產品價格。這樣的價格敏感度源自於消費者缺乏忠誠度、缺少長期合約的約束、不了解競爭價格、消費者預算等因素。

在我完成分析，並向該公司的管理階層呈報結果後，他們實施了爲期九十天的測試，與控制組對照比較。他們挑選特定（實際銷售的）產品（市場）及地區，加以測試。九十天後，參與測試的診所業績（平均淨營收）比控制組高出10%以上。從這樣的結果可知，其實我們可以利用各種分析型方法，妥善發揮價格敏感度的特性，創造最大的收益。

問題癥結與背景介紹

在國內找一家連鎖零售商或醫療診所，可發現其定價策略簡單到不可置信：每年調高所有地區、所有診所中，幾乎所有產品或服務的價格，而且漲幅每年幾乎相同。有一陣子，這種作法的確創造了更多營收，但過去幾年間，消費者滿意度開始波動、顧客流失情形增加、忠誠度下降、員工滿意度或態度惡化，營運上

愈來愈難強制漲價，且整體成長力道孱弱，打折扣戰的頻率愈來愈高。這些多方面的惡化情形，追根究柢，大多可歸咎於定價政策。因此，行銷的主要問題，其實是要了解定價對總營收的影響。換言之，我們能否從不同市場或地區、產品或服務中，找到價格敏感度的差異，進而幫助該連鎖診所善用這些差異？

　　大致上，定價有兩種作法。第一種是成本加成定價法，主要是根據產品或服務的投入成本，並計入利潤，得到最後價格，屬於一種財務決策。這是最典型的作法，尤其是一般認為對價格不甚敏感的產品或服務（例如急診、放射治療、重大手術等），都採用此方法。另一種定價法主要適用於消費型產品或服務。這些產品或服務對價格變動通常比較敏感，例如檢查、自費注射的疫苗等。我們針對這類產品及服務製作了一份問卷調查，接著撥電話聯絡該公司旗下每家診所周圍的三家競爭診所，詢問他們的收費標準。如此一來，該公司對競爭同業在相同產品或服務上的收費情形，就會有一定的了解，後續通常會提高價格（大多採用成本加成定價法）。有時候，公司會礙於個別診所的要求或抗議而減少漲幅。

資料集描述

　　交易資料庫提供了消費者層級的自家消費者行為資料，而這可進一步彙整成診所層級資料。交易資料包括：實際購買的產品或服務、每種產品或服務的實際售價、折扣、總營收、就診人次、就診間隔時間、病痛或主訴、去過的診所數、人員配置等。

　　診所資料包含前述全部項目、交易區域、地點（郊區或都會

區）、人員配置，以及普查資料對照郵遞區號所得到的人口統計資料。此外，還有特定市場研究的問卷調查資料，包括消費者滿意度或忠誠度，以及顧客流失調查、員工滿意度調查等。

最有趣的是，競爭同業的問卷調查資料。此問卷詢問公司診所附近的三家競爭診所，收集其對消費型產品的收費情況。一般而言，這類產品對價格變動普遍較為敏感，品項包括檢查、疫苗、小手術等。因此，公司旗下的每家診所會檢視自家消費者為各產品或服務（消費型及其他類別）所支付的價格，以及三家同業對特定消費型產品或服務所收取的價格。有了這些自家診所的資料，即可製作彈性模型，而交叉價格資料則可呈現競爭壓力所導致的有趣結果。有時，這些競爭壓力會使自家診所的價格敏感度出現變化，但有時不會。最後得到的分析結果，就能為行銷策略提供發掘商機的寶貴契機。

第一步：市場區隔

為何需要區隔市場？

區隔診所市場是首要步驟。

> **市場區隔**：旨在將市場分割成子市場（sub-market）的一種行銷策略。這些子市場中，每個單位成員之間的某些面向非常類似，但與其他所有子市場的單位成員則大相逕庭。

原因在於，消費者行為可能多少會受到診所績效、人員配置、文化等因素所影響。換句話說，表面上看似是消費者的自由選擇，可能受診所的企業統計結構（firmographics）影響更多。資料集包括診所的所有營收和產品交易，亦即年成長率、折扣變動、就診次數等，這些可能都是很實用的數據。另外，診所的地點（郊區、都會區等）也很重要。總之，資料集提供了診所與其績效的大量相關資訊，在彈性模型中有必要對這些要素加以控制。

過去十年中，潛在類別分析（LCA）儼然已成為黃金標準，是一種應用於市場區隔的分析技術。事實證明，此方法遠優於一般技術（K平均演算法，稍後會再討論這種市場區隔技術），尤其是在追求最大差異的區隔時，更是如此。簡單來說：市場區隔之間的差異愈大，愈能針對每個市場量身打造獨特的行銷策略。

資料彙整

對診所資料跑完潛在類別分析後，可得到下文的彙整資料（請見表4.9）。接下來談談我對表中這幾個子市場的幾點看法，尤其是現場測試所需考量的子市場。子市場1是最大（就診所數而言）的市場，年營收所占比例最高。這類市場大多位於郊區，且市場研究顯示，其範圍內的診所擁有最忠誠的顧客。子市場2的規模居次，但其營收占比只有子市場1的一半左右。反觀子市場4雖然規模小，但在整體營收中貢獻超過20%，且大多位於都會地區。市場調查結果指出，這個子市場的滿意度表現最差，顧客不忠誠的情形最為明顯。前述這些差異，有助於說明顧客對價格的敏感程度，就如後文的模型所示。

表4.9：彈性模型

	子市場1	子市場2	子市場4
市場（%）	36%	34%	7%
營收（%）	41%	19%	21%
顧客人數	5,743	3,671	15,087
營收／就診數	135	120	215
郊區（%）	56%	51%	45%
鄉間（%）	13%	20%	3%
都會區（%）	31%	29%	52%

第二步：建構彈性模型

彈性模型概述

　　回想一下個體經濟學的基礎概念：價格彈性主要衡量輸出變數（通常是銷量），受到輸入變數（這裡是指〔淨〕價格）的變動所影響，而產生的變化百分比。如果變化的百分比大於100%，表示需求具有彈性；若小於100%，則不具彈性。其實這個詞不是很恰當，「敏感度」才是清晰的概念，也就是決定銷量的顧客對價格的變動有多敏感？假設價格調整10%，顧客購買量的下降幅度小於10%，表示顧客很明顯對價格不敏感；假如價格上調10%，而顧客購買量的下降幅度大於10%，則表示顧客對價格很敏感。

　　但在行銷策略上，這還不是重點。根據需求法則，價格和銷

量呈負相關（還記得下滑的需求曲線吧？）。銷量一定會與價格變動朝反方向變化。不過，真正的議題在於營收。由於營收等於價格乘以銷量，若需求不具彈性，營收就會與價格同方向變動；反之，營收則會與銷量的變動成正比。因此，如果要提高營收，在需求曲線無彈性下，就應調漲價格；在需求曲線具有彈性下，則應調降價格。

從點彈性到彈性模型

我們大多曾在個體經濟學課堂上學過簡單的點彈性概念。點彈性是指（x,y）兩點間的百分比變化，亦即在價格的百分比變化下，銷量會回以多少百分比的變動幅度。假設價格從9上升到11，銷量從1,000下降到850，則點彈性的計算方式為：$[((1000 - 850) / 1000) / ((9 - 11) / 9)] = 0.15 / -0.22 = -0.675$，也就是 -68%。注意，價格變動22%，會導致銷量波動達15%，顯然銷量比價格變化更小（較不敏感），因此可判定此（點）需求無彈性。也就是說，需求曲線上這一點的彈性對價格並不敏感。要留意的是，隨著需求曲線從高價處來到低價處，斜率和敏感度都會隨著改變。這才是行銷策略議題的關鍵所在。

因此，彈性是邊際函數除以平均函數的值。數學上，「邊際」的整體概念為曲線的平均斜率，為一導數。所以，若要計算整體的平均彈性，需知道價格函數（即需求曲線）中，從平均處測得的銷量導數，算式表示如下：

$$彈性 = dQ/dP \times 平均價格 / 平均銷量$$

從數學上來看，導數代表需求函數的平均斜率。在（說明隨機誤差的）統計模型中，同樣的概念也可適用：邊際函數除以平均函數。在統計（迴歸）模型中，Beta 係數即爲平均斜率，因此：

彈性＝ β（價格）× 平均價格／平均銷量

快速談一個數學上正確，但實務上不正確的概念：以對數建構彈性模型。雖然同時對需求和價格取自然對數，就不需計算平均數（因爲 Beta 係數即爲彈性），但有一點很重要，亦即以自然對數建構模型中，還隱含了一個大錯特錯的假設：彈性爲一個常數。意思是，無論價格波動幅度大小，產生的影響都相同；這件事沒有任何行銷人員會相信。因此，不建議以自然對數建構模型。

自家價格與交叉價格之比較和替代品

現在，該進入資料集有趣的部分了，也就是資料集包含競爭對手的價格！我利用問卷調查的方式，向每家診所附近三個競爭同業詢問他們「售出產品」的售價，並假定這些產品普遍對價格敏感。我分別取出競爭者的最高價與最低價，做爲每種（售出）產品的交叉價格資料。因此，（依子市場）每樣售出產品的需求模型可表示爲：

銷量＝ f（自家價格、高交叉價格、低交叉價格等）

競爭價格會這麼有趣，主要有兩個原因。第一，競爭價格是引發行為的肇因。第二，若競爭者是強勁的替代品，市場上自然會出現策略性選擇。

如果競爭者交叉價格的係數為正，該競爭者便可視為替代品，與公司的自家需求之間便存在正相關。因此，如果競爭對手為替代品，一旦他們選擇漲價，我們受到的需求就會升高，因為對方的顧客流向我們，形成需求（價格較低）。反之，若競爭對手為替代品，且他們選擇降價，由於顧客會從我們這端流出（價格較高），因此對我們的需求下降。簡而言之，了解競爭對手是否為替代品，不僅可幫助我們解釋模型，還可能成為一種策略手段。

不過，真正的重點還是競爭對手的替代力道，而從交叉價格係數，就能看出這股力道的大小。假設某個需求模型中，自家產品價格的係數為負 1.50，高交叉價格的係數為正 1.10。自家產品預期會產生負相關（如果自家價格上漲，自家銷量下降）。高交叉價格係數為正，表示高價競爭對手為替代品。假設自家產品對價格敏感，一旦我們調降價格，競爭對手也可能跟進降價，減少顧客對我們產品的需求。不過請注意，此案例的替代力道不強。若與競爭對手之間存在強勁的替代關係，不僅係數會呈現正數，係數的絕對值也會大於自家價格係數。意思是說，在前述案例中，如果我們降價 10%，需求預計會上升 15%。要是競爭對手見狀跟進，同樣調降產品價格 10%，則會對我們的需求影響 11%，替代力道不大。

不過，如果自家價格係數為負 1.50，高價競爭對手的係數為正 3.00，情況就會大相逕庭。要是我們降價 10%，需求會增加

15%。但如果替代力道強勁的競爭對手可以降價5%，就會對我們的銷量產生15%的影響（5%×3＝1.5）。或者，萬一他們同樣降價10%，我們的銷量就會受到30%的影響！很明顯地，這樣的競爭對手比上一個案例的廠商更有影響力。不過還是要注意一點，要是沒有交叉價格的資料，就無法推衍出這「賽局理論」的所有結果。

各子市場的建模成果

以下四張表會依子市場及四種售出產品，展示建立彈性模型的結果（現場測試中，僅採計疫苗〔兩種〕、小手術和檢查）。每張表後都會附上策略運用的相關說明。

表4.10：彈性模型

疫苗X	子市場1	子市場2	子市場4
疫苗X製造商	-0.377	-1.842	-3.702
疫苗X 高價競爭製造商	-0.839	0.062	1.326
疫苗X 低價競爭製造商	-0.078	-0.167	-0.757

子市場1：彈性＜|1.00|（絕對值0.377），表示此子市場的這項產品在需求上缺乏彈性。此市場的消費者很忠誠（透過市場調查得知），且沒有可替代的競爭對手（交叉價格彈性非負數）。因此，建議調漲價格。

子市場1疫苗X的計算方式如下。從自家價格的彈性來看，

製造商的價格為28，自家價格係數為-1.2，平均銷量為89。因此，自家價格的彈性為-0.377=-1.2×28/89。高價競爭的彈性為-0.839=-1.915×39/89，低價競爭的彈性為-0.078=-0.33×21/89。其他計算過程大抵相同。

子市場2：彈性>|1.00|（絕對值1.842），表示此子市場的這項產品在需求上具有彈性。高價競爭對手的替代強度不高（0.062）。因此，建議調降價格。

子市場4：彈性>|1.00|（絕對值3.702），表示此子市場的這項產品在需求上具有彈性。此子市場通常瀰漫著不滿意的氛圍，消費者大多不甚忠誠（透過市場調查得知）。高價競爭對手的替代強度不高（1.326）。因此，建議調降價格。

表4.11：其他彈性模型

疫苗Y	子市場1	子市場2	子市場4
疫苗Y製造商	-0.214	-0.361	-0.406
疫苗Y 高價競爭製造商	0.275	0.018	0.109
疫苗Y 低價競爭製造商	0.196	0.123	0.864

子市場1：彈性<|1.00|（絕對值0.214），表示此子市場的這項產品在需求上缺乏彈性。此市場的消費者很忠誠（透過市場調查得知），且低價競爭對手的替代力道不大。高價競爭對手的替代力道強勁。注意，正數0.275大於0.214絕對值，亦即高價競爭對手的降價幅度即使較小，也能反制或回擊製造商的降價行

銷。因此，不妨嘗試調高價格（別忘了這個子市場的消費者很忠誠）。

子市場 2：彈性 < |1.00|（絕對值 0.361），表示此子市場的這項產品在需求上缺乏彈性。雖然兩家競爭廠商都是替代品，但替代力道都不值一提。因此，不妨嘗試調高價格。

子市場 4：彈性 < |1.00|（絕對值 0.406），表示此子市場的這項產品在需求上（意外地）缺乏彈性。此子市場通常瀰漫著不滿意的氛圍，消費者大多不甚忠誠（透過市場調查得知）。雖然兩家競爭廠商都是替代品，但低價競爭對手的替代力道大。因此，建議嘗試調高價格，但謹慎為之。

表 4.12：其他彈性模型

小手術	子市場 1	子市場 2	子市場 4
小手術廠商	-0.573	-0.173	-1.09
小手術 高價競爭廠商	0.202	0.475	-0.59
小手術 低價競爭廠商	-0.06	0.291	0.215

子市場 1：彈性 < |1.00|（絕對值 0.573），表示此子市場的這項產品在需求上缺乏彈性。此市場的消費者很忠誠（透過市場調查得知），且高價競爭對手的替代力道不大。因此，不妨嘗試調高價格。

子市場 2：彈性 < |1.00|（絕對值 0.173），表示此子市場的這項產品在需求上缺乏彈性。兩家競爭廠商都有強勁的替代力道。

因此，不妨嘗試調高價格，但謹慎爲之。

　　子市場4：彈性 > |1.00|（絕對值1.090），表示此子市場的這項產品在需求上不太有彈性。此子市場通常瀰漫著不滿意的氛圍，消費者大多不甚忠誠（透過市場調查得知）。低價競爭對手的替代力道微乎其微。因此，建議嘗試調降價格。

表4.13：其他彈性模型

檢查	子市場1	子市場2	子市場4
檢查廠商	-0.1	-0.025	-0.1
檢查 高價競爭廠商	0.008	0.075	0.095
檢查 低價競爭廠商	-0.02	-0.03	0.023

　　子市場1：彈性 < |1.00|（絕對值0.100），表示此子市場的這項產品在需求上缺乏彈性。此市場的消費者很忠誠（透過市場調查得知），且高價競爭對手的替代力道不大。因此，不妨嘗試調高價格。

　　子市場2：彈性 < |1.00|（絕對值0.025），表示此子市場的這項產品在需求上缺乏彈性。高價競爭對手的替代力道強勁。因此，不妨嘗試調高價格。

　　子市場4：彈性 < |1.00|（絕對值0.095），表示此子市場的這項產品在需求上缺乏彈性。此子市場通常瀰漫著不滿意的氛圍，消費者大多不甚忠誠（透過市場調查得知）。兩家競爭廠商都是替代品，且高價競爭廠商的替代力道強勁。因此，建議嘗試調高

價格，但謹慎為之。

從以上分析可知彈性如何成為一種策略利器。由於彈性同時涉及自家價格（消費者的敏感程度）和交叉價格（競爭對手可能的回應方式），因此策略手段是相當值得探討的課題。

彈性範例實務建議

現在來談談如何將子市場層級的建構模型技術，應用至診所層級，也就是需探討價格調整機制的實際場域。基礎概念是取用子市場的價格係數，套用至診所的彈性計算過程中。子市場層級的彈性表示如下：

子市場銷量＝
子市場價格－係數 × 子市場平均價格／子市場平均銷量

轉換成（各家）診所的彈性後，表示如下：

診所銷量＝
子市場價格－係數 × 診所平均價格／診所平均銷量

接下來，我們來看看某家診所的測試結果。這家診所位於子市場4，一個對價格相當敏感的區域。我們建議（此診所）將X疫苗的價格調降6%，這樣會使診所的疫苗從最高價位（相較於周圍的競爭對手）降至中等價位。由於高價競爭者的替代力道不大，因此我們認為，競爭對手不太可能採取強烈的反制行動。

在為期九十天的現場測試中，這家診所的 X 疫苗為其帶來 2,292 的營收，總共售出 84 單位，平均淨營收為 27.28。相對應的控制組結果為 25.86，亦即實驗組的結果比控制組多出 5.48%。這是兩項因素交互作用的結果：第一，整體而言，此子市場對價格敏感；第二，沒有足可替代這家診所的（強勁）競爭對手。綜合以上考量，我們才會建議診所放心降價，不需擔心競爭對手採取反制行動。

再看看另一家診所的測試結果。這家診所位於子市場 1，一個對價格不敏感的區域。我們建議（此診所）將檢查服務的價格提高 2%，這樣會使診所的檢查從中等價位（相較於周圍的競爭對手）上升至最高價位。別忘了，這個子市場的消費者相當忠誠。高價競爭對手的替代力道微乎其微，因此我們認為，競爭對手不太可能採取強烈的反制行動。

在為期九十天的現場測試中，這家診所的檢查服務為其帶來 27,882 的營收，總共售出 499 單位，平均淨營收為 55.88。相對應的控制組結果為 47.41，亦即實驗組的結果比控制組多出 17.85%。這是兩項因素交互作用的結果：第一，整體而言，此子市場對價格並不敏感；第二，此子市場和這家診所沒有替代力道（強勁的）競爭對手。綜合以上考量，我們才會建議診所漲價，不需擔心消費者或競爭對手採取反制行動。

最後：比較實驗組與控制組

符合現場測試資格的診所將近100家，其中實驗組約有25家，控制組約75家。實驗組診所會收到我們的彈性調整建議，控制組診所則如往常一樣正常營運。

對比組別主要是依據區域、子市場等因素設計而得，而測試的數據是平均淨營收（依區域、子市場、產品等）。整體結果顯示，測試的九十天期間，實驗組診所的平均淨營收超過控制組10%以上。當然，各區域、子市場、產品的結果不盡相同。有個區域的彈性為明顯正值，有個區域稍微偏負；有個子市場（消費者很忠誠的子市場1）為明顯正值，子市場4（普遍對診所不滿意）的偏正程度較小。如此鮮明的整體結果顯示，彈性分析有助於制定最佳價格。

討論

醫療服務業適合使用賽局理論嗎？大部分從業人員大概都會抱持保留態度，因為他們的工作是照護病患，並非同業競爭。然而，這項研究有個有趣的範例，其結果或許會與普遍的認知背道而馳。

恰巧有兩間診所（暫且稱為X和Y）位於相同區域，都屬於子市場4，但一家面臨強勁的替代（低價）競爭對手，另一家則無替代品。就檢查服務而言，兩家診所都將價格調降4%。擁有強勁競爭對手的診所（診所X），其增加的平均淨營收只有控制組診所Y的一半。由此可知，診所X周邊的低價競爭對手也調降

了檢查服務的價格（下一項調查會證實這點），但因為他們擁有強勁的替代力道，因此只需降價1%，就能對實驗組診所的4%降價產生負面影響。

至少就消費型產品而言，醫療服務領域的價格似乎**並非**我們所想像的那麼不敏感。另外，「賽局理論」似乎多少有效，尤其是在封閉區域，競爭對手還是會回應及反制價格變化。之所以一開始就做競爭調查，大概也是這個原因。

結論

為何這麼少人建立彈性模型？

在我將近三十年的市場分析生涯中，待過很多家公司，接觸過許多不同產業，但幾乎從未見過有人使用以上討論的彈性模型。很多時候，公司會做價格及購物等方面的調查，但這些都是自陳式（self-reported）問卷，且大概也是自利（self-serving）性質（沒錯，你家產品太貴了！）。

聯合分析（conjoint analysis）是另一種常見的行銷研究方法，效果稍微好一點。這種方法有點不自然，且依然屬於自陳式問卷，但已經有控制相關因素以利分析。

我要說的是，如果交易資料庫中含有真實行為（因應實際價格變動所實際產生的消費回應），為什麼這些資料並非衡量價格敏感度的首選？答案或許是，要將個體經濟學的東西應用至統計分析，中間的落差太大，而且學校通常不會教。也就是說，從點彈性到建立彈性的統計模型，這中間所需的知識並不容易取得。不過，中間的步驟其實相當簡潔易懂，模型並不難建立。或許透過本章的介紹，可鼓勵更多人在實際案例中運用彈性模型，尤其是在了解可能好處的情況下，更願意學以致用。

從眾人之中脫穎而出的必要條件

☐ 記得兩種統計分析法：依附方程式類型和相互關係類型。

☐ 熟記兩種方程式類型：確定型和機率。

☐ 了解迴歸（普通最小平方方法，OLS）是一種依變數分析，旨在以自變數解釋依變數的變動情形。

☐ 指出 R^2 是一種適合度衡量指標，這不僅具有解釋力，同時也能顯示實際依變數和預測依變數之間的共同變化。

☐ 記住 t 值是一種統計顯著程度指標。

☐ 務必避免「虛擬變數陷阱」；模型中，二元變數一定要拿掉一個（例如，在季度模型中，只能使用三季數據，而非四季數據全用）。

☐ 從兩種彈性的角度思考，也就是不具彈性和具彈性的需求曲線。

☐ 專注於真正的彈性議題，亦即彈性對總營收（而非銷量）的影響。

（接下頁）

□ 記住價格和銷量負相關。若需求曲線缺乏彈性，總營收由價格決定；若需求曲線具有彈性，總營收由銷量決定。要在缺乏彈性的需求曲線中增加總營收，應該調高價格；要在具有彈性的需求曲線中增加總營收，則應調降價格。

□ 記住，迴歸有幾項假設必須遵循。

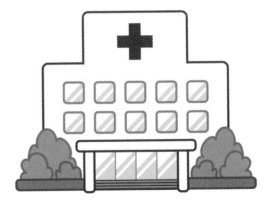

Chapter 5

誰最可能購買？
該如何鎖定這些目標對象？

引言

　　行銷面臨的下一個問題，就是尋找目標市場，尤其是找出可能購買商品的人。注意，在統計上，這個問題等同於「誰可能會回應（訊息、產品方案等）？」。這樣的機率問題關乎如何理解選擇行為，因此可說是行銷科學的核心。一般而言，此時我們會使用邏輯迴歸（尤其是處理資料庫及直效行銷相關領域）。

概念說明

　　邏輯迴歸與一般迴歸有許多相似之處。兩種方法都有一個依變數、不同的自變數，都可以單一方程式表示，而且自變數對依變數的影響以及「適合度」都可診斷。

　　不過，兩者之間的差異也不少。邏輯迴歸的依變數只會有0或1這兩個值（相對於連續變數），也就是二元性質。邏輯迴歸並非以「平方誤差總和最小化」（普通最小平方法；一般迴歸〔OLS〕）計算係數，而是透過格點搜尋計算法（grid search），計算最大概似估計值（maximum likelihood）。此外，對係數的解讀也不一樣。我們通常會使用勝算比（odds ratios，e^{β}），而且衡量適合度時，並非比較預測和實際的依變數。

> **最大概似估計**：（相對於普通最小平方法），目的是透過觀察某個樣本，尋找可將概似函數最大化的估計式。

　　邏輯迴歸和一般迴歸的另一項差異，在於邏輯迴歸會對「羅

吉斯」（logit）而非依變數建立模型。所謂羅吉斯迴歸，是指事件／（1代表事件）的對數，亦即事件發生機率的對數。相較之下，一般迴歸只是對依變數本身建立模型。

順帶一提，的確有方法可以針對兩個以上的值建立模型，但不可以是連續變數，也就是說，依變數可以是3、4或5個值。這種方法稱為「多元羅吉斯迴歸分析」（區別分析也會使用這種方法），此處暫且不詳細介紹，你只需要知道這與邏輯迴歸一樣即可，不過其依變數的多個不同的值會有編碼，並非只是0或1。

綜合以上所述，邏輯迴歸的分析結果會是0%至100%之間的機率值，而一般迴歸則會是符合實際依變數的估計（預測）值。表5.1是實際事件（0和1）及羅吉斯（S曲線）的繪圖。

現在，我們要實際檢視一些數據並建立模型，這才是真正的趣味所在。

圖5.1：實際事件與羅吉斯曲線

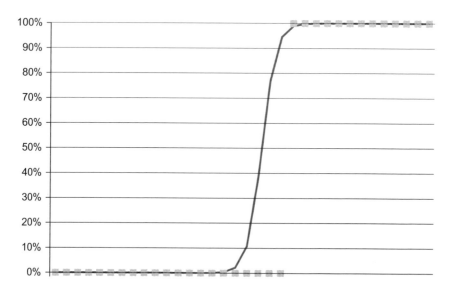

職場實例

自從史考特完成需求模型後，他的老闆對他刮目相看。現在，老闆再次叫他到辦公室，吩咐下一個任務。

「史考特，我們需要找出可能購買公司產品的客戶。我們按照雜誌訂閱名單寄出上百萬份產品目錄，但回應率太低。我們要怎麼做，郵寄產品廣告的報酬率才能有所起色？」

史考特想了一會兒。回應率太低？回應率是指潛在客戶回應的比率，亦即回應（購買）人數除以收到資訊的總人數。這是一種表示整體績效的指標。

「我們希望能根據幾項特質，找出可能購買商品的消費者。公司的資料庫中，存有客戶和非客戶的資料（取自雜誌讀者訂閱名單，我們一直在寄送商品相關資訊給他們），因此我們或許可以複製或效法建模程序，建立回應機率模型。」史考特說道。

「什麼意思？」老闆回問。

「我需要再深入研究一下，不過我們大概可以製作迴歸類型的模型，為資料庫中每個人的購買機率賦予不同分數。我們可以利用購買機率篩選資料庫，再以報酬率為條件，僅寄送商品資訊給特定對象。」史考特說道。

「聽起來很棒。你現在就著手執行，有什麼成果立即向我回報。」老闆一把話說完，就將辦公椅轉向其他方向，史考特知道他該開始工作了。

數據整理與模型建構

史考特將資料集精簡後，整理成後面的表5.1，內容是實際購買及未購買商品的客戶名單。從史考特手上的資料，可以看出每個客戶收到哪些商品宣傳資訊，以及基本的客戶資料。分析目標是要從未購買商品的人之中，找出與既有客戶「很像」的人，然後再次寄出商品資訊。如果現成的宣傳文案證實有效，就寄送同一批文案，否則就得重新設計商品宣傳活動。

這麼做的最終目標，是要依「購買機率」來為資料庫的名單評分，（從統計的角度）了解哪些對象是值得宣傳產品的潛在客戶，再據以研擬下一波宣傳策略。這就是直效（資料庫）行銷的運作基礎。

使用（編撰過的）資料集，可在SAS程式執行羅吉斯迴歸分析（proc logistic descending）。最後得到的係數結果如表5.2（見p.116）所示。這些係數的解讀方式與一般迴歸不同。

由於邏輯迴歸為一曲線，且僅以0和1表示，因此自變數的效應會對依變數造成不同影響。實際影響可表示如下：

$$e \wedge 係數$$

這代表教育程度的係數為0.200，影響為：

$$e^{0.200} = 1.225，亦即（2.71828 \wedge 0.200）$$

表5.1：精簡版資料集

ID	營收	購買	宣傳活動 A	宣傳活動 B	宣傳活動 C	收入	家戶規模	教育程度
999	1500	1	1	0	1	150000	1	19
1001	1400	1	1	0	1	137500	1	19
1003	1250	1	1	0	0	125000	2	15
1005	1100	1	1	0	0	112500	2	13
1007	2100	1	0	1	0	145000	3	16
1009	849	1	0	0	0	132500	3	17
1010	750	1	0	0	0	165000	3	16
1011	700	1	0	0	0	152500	3	9
1013	550	1	1	0	1	140000	4	15
1015	850	1	1	0	1	127500	4	18
1017	450	1	1	0	1	115000	4	17
1019	0	0	0	0	1	102500	5	16
1021	0	0	0	0	1	99000	6	15
1023	0	0	0	1	1	86500	7	16
1025	0	0	0	1	1	74000	6	15
1027	0	0	0	1	1	61500	5	14
1029	0	0	0	1	1	49000	4	13
1033	0	0	1	0	1	111000	4	12
1034	0	0	0	0	1	98500	3	11
1035	0	0	0	0	1	86000	3	10

表5.2：係數

截距	-57.9
宣傳活動A	-8.48
宣傳活動B	16.52
宣傳活動C	-9.96
收入	0.001
家戶規模	-3.41
教育程度	0.2

這代表教育程度每增加一年，機率就會上升22.5%。這個數值稱為「勝算比」，顯然對尋找潛在客戶極具意義：鎖定教育程度愈高的家庭，愈有可能賣出產品。要注意的是，三波宣傳活動中，有兩波呈現負相關（購買機率通常會減少），表示需要更準確地鎖定潛在客群。

邏輯迴歸中，沒有像一般迴歸的 R^2 一樣的適合度衡量指標。羅吉斯迴歸會以1和0表示依變數的發生機率。很多時候，我們會使用「混淆矩陣」（confusion matrix），若預測準確，即表示模型效果良好。前文模型的混淆矩陣如表5.3所示（SAS程式的混淆矩陣會使用「ctable」選項）。

假設現在有10,000個觀察項。事件（購買）總數為6,750＋1,750，也就是8,500。模型預測的總數只有6,750＋500，也就是7,250。模型的整體準確度，是「正確預測且實際發生」的事件數，加上「正確預測但實際上未發生」的事件數，亦即6,750＋1,000，也就是7,750／10,000＝77.5%。預測錯誤數為500（模型預測會有500人發生事件，

表5.3：混淆矩陣

	實際未發生事件	實際發生事件
預測不發生事件	1,000	1,750
預測會發生事件	500	6,750

但其實並未發生）。若需考量將宣傳資訊寄給錯誤對象的成本，這將是直效行銷的重要衡量指標。

有一個分析小祕訣能幫助我們判斷依變數（這裡是指銷量）是否含有任何異常觀察項。還記得Z分數嗎？這是檢查觀察項是否「出界」的一種方法，快速又簡單。Z分數的計算方式為：（觀察項−平均數）／標準差。

假設營收平均數為358.45，營收標準差為569.72。若以此計算所有營收觀察項，可知（表5.1）ID # 1007的Z分數為（（2,100−358.45）／569.72）＝3.057。換句話說，該觀察項距離平均數超過3個標準差，屬於非常態的觀察項。很多人會增加一個新變數，稱為「正極端組」（positive outlier），只要銷量的Z分數小於3，其值為0；若Z分數大於3.00，其值為1。以這個新變數做為另一個自變數，有助於尋找異常值。有些係數應該會因此改變，且適合度通常也能有所改善。我們可以將這個新變數視為具有影響力的觀察項。

值得注意的是，係數會出現些微變化（表5.4），而這代表預測準確度提升。另外也看一下新的混淆矩陣（表5.5）。（表格見下頁）

事件（購買）總數依然是8,500，但注意準確度有所不

同。現在，模型的預測值為7,500＋250 = 7,750。模型的整體準確度是「正確預測且實際發生」的事件數，加上「正確預測但實際上未發生」的事件數，亦即7,500＋1,250，也就是8,750／10,000 = 87.5%。預測錯誤數為250（模型預測會有250人發生事件，但其實並未發生）。計算將宣傳資訊寄給錯誤對象的成本，是直效行銷的重要衡量指標。由於模型計入了有影響力的觀察項，效果才能有所提升。

表5.4：新變數

截距	-51.9
影響力	15.54
宣傳活動A	-6.06
宣傳活動B	16.6
宣傳活動C	-9.07
收入	0.002
家戶規模	-1.65
教育程度	0.211

表5.5：新的混淆矩陣

	實際未發生事件	實際發生事件
預測不發生事件	1,250	1,000
預測會發生事件	250	7,500

提升圖

提升圖（或稱增益圖）是一種常見的重要工具，尤其對直效及資料庫行銷尤為重要。

> **提升／增益圖**：協助解讀模型執行成效的視覺化工具，以十分位數為單位，比較模型的預測能力和隨機情形。

這個簡單的分析工具可協助我們確定整體的適合度，並在鎖定行銷對象時提供有效輔助，有助於判定郵寄推銷資訊的範圍。

一般而言，整個程序是先執行模型，得出回應機率，並根據這個回應機率將資料庫分類成十個同等份的「籃子」。接著，計算每個十分位數的實際回應人數。如果模型的品質夠好，較高十分位數的回應人數會明顯較多，而較低十分位數的回應人數則會明顯較少。

舉例來說，假設平均回應率為5%。一共有10,000個觀察項（消費者），每個十分位數有1,000名消費者，其中回應的消費者人數不盡相同，但整體而言，總計有500人回應（500／10,000＝5%）。因此隨機來看，我們預期每個十分位數平均會有50人回應。然而，由於模型有效，在第一個十分位數區間假設有250人回應，接著人數便逐次下降，最低的十分位數只剩一個人回應。

所謂「提升」，是指每個十分位數的回應人數除以平均（預期）的回應人數。以第一個十分位數區間為例，此值為250／50＝500%，而從此值可知，第一個十分位數區間的提升表現為

5倍，亦即該區間的回應人數是平均回應人數的5倍。另外，我們也可得知，最高十分位數區間中，尚未回應的人特質「很相似」，是相當理想的廣告對象。由此可知，模型可有效幫助我們區別回應與不回應的廣告對象。

每個十分位數區間都有1,000名消費者。第一個區間已有250人回應，此區間的所有消費者都有很高的機率會成為前10%回應的人，而且還有750個潛在的宣傳目標**尚未**實際回應。這些人就是需要集中火力反覆宣傳的對象，而這個過程之所以稱為「模型複製」，原因在此。

要簡單回答資料庫行銷的問題：「應該將廣告郵寄給誰？」我們需要先檢視圖5.2這張提升圖，圖中所顯示的實際回應人數累計情形，並與預期中的回應人數兩相比照。在預算等各種因素的限制下，這張提升圖可以幫助我們找到正確的宣傳對象。

大多數資料庫行銷人員會挑出回應人數超過平均的十分位數區間，亦即提升表現高於100%的區間，向這些群體寄送廣告資訊。另一種方式，是鎖定兩條曲線間達到最大距離之前的區間，

圖5.2：提升圖

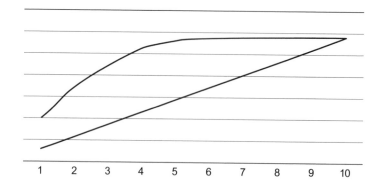

對相對應的對象郵寄廣告。不過，就實務上而言，大部分的直效行銷人員（尤其是目錄企畫）都有固定預算，不管模型的統計成效如何，他們通常只能「負擔得起」這些區間的郵寄成本。因此，宣傳主力大多會放在前一、兩個十分位數區間。

▊模型運用：共線性概述

共線性是另一個相當常見且無法迴避的議題，尤其在建立迴歸模型時，更是不容忽視。

> **共線性**：衡量變數之間關聯程度的一種指標。

若一或多個自變數之間的關聯程度，強過其任一變數與依變數之間的關聯程度，即具有共線性。換言之，假設模型中有兩個自變數，若「X_1 與 X_2」的關聯程度比「X_1 與 Y」或「X_2 與 Y」更強，表示自變數之間具有不利的共線性。此現象可以數學表示如下：

$$\rho\,(X_1, X_2) > \rho\,(Y, X_1) \text{ 或 } \rho\,(Y, X_2)，其中 \rho = 相關性$$

共線性會導致幾個不良後果。雖然每個自變數的參數估計值始終無偏差，但標準誤差會太大。意思是，在顯著性檢驗（參數估計值／估計值的標準誤差）中計算 t 值（或華德比率〔wald ratio〕）時，這些變數所呈現的顯著性，通常會比實際上還小，

原因是標準誤差過大。此外，共線性也可能導致正負號改變，因而得到不合理的結果。由此可知，我們有必要檢測模型的共線性並妥善處理。

我在實務作業中，時常發現一種過度簡化的「診斷法」，在此提醒一下。我們可以對變數執行相關矩陣，為每組變數求出（簡單的皮爾森〔Pearson〕）相關係數。然而，這**無法**檢查變數之間是否具有不利的共線性，僅能檢查簡單的（線性）相關性。

我發現有些分析師只跑了矩陣，就貿然拿掉（沒錯，直接拿掉！）一個自變數，而原因只是該變數與其他自變數的相關性超過某一特定數值，例如80%（這個80%從何而來？我們不得而知。這種作法相當武斷，不足以稱為分析）。這一點就講到這裡，請務必留意。

前述「檢驗」之所以令人厭煩，是因為實際檢定（SAS和SPSS程式）其實相對較為簡單。變異數膨脹因子（variance inflation factor, VIF）是最普遍常見的檢定方法，你可以用邏輯迴歸，並加入變異數膨脹因子檢定測試。基本上，這項測試可針對每個自變數，對其他所有自變數執行迴歸分析，產生一個數值。此數值為 $1 / (1 - R^2)$。若此數值大於10.0（代表 R^2 大於90%），那麼根據經驗法則，某個變數具有嚴重的共線性，不得忽視。也就是說，若模型有三個自變數 x_1、x_2 和 x_3，變異數膨脹因子檢定會做迴歸分析 $x_1 = f(x_2, x_3)$，產生 R^2，接著執行 $x_2 = f(x_1, x_3)$，產生 R^2，最後執行 $x_3 = f(x_1, x_2)$，同樣也會產生 R^2。

請注意，我們並非是要檢驗共線性是否存在（因為幾乎**所有**案例或多或少都會有共線性），而是希望藉由檢定，了解共線性是否過於嚴重，進而導致問題（稱為病態）。

我建議納入理論上合理的變數。如果變異數膨脹因子檢定顯示變數會造成問題，但又有充分理由將該變數納入分析，則請檢驗其他變數。（務必注意，拿掉變數**並非**首先考慮的應變措施。直接刪除變數是過於武斷，且相當粗糙而簡略的分析方法。）

換句話說，要擁有較為健全、合理的模型，需先全面理解數據的產生過程，而非只是仰賴統計診斷。建模科學強調診斷程序，而建模藝術則會強調整體平衡和對業務的影響。實際的商務環境有時會容許「不理想的統計數據」，以達到平衡企業運作的目的，就是這個道理！

根據實際的問題和數據等條件，還是有其他解決辦法可以使用。將所有自變數放入因素矩陣，可以毫不影響變數的變異情形，但（根據定義）因素之間會呈現直角（彼此不相關）。

另一種（矯正）方法稱為「脊迴歸」（ridge regression，通常需使用 Stein 估計量），且需要特殊軟體（像是 SAS 程式的「proc reg data = x.x outvif outset = xx ridge = 0 to 1 by 0.01; model y = x1 x2」指令）及專業能力。簡單來說，這個方法是將共線性轉換成參數估計值的偏差。縱使係數現在有所偏誤，但共線性其實可以大幅減少，這就是我所謂的平衡。既然如此，這麼做值得嗎？很抱歉，答案是不一定。

雖然變異數膨脹因子檢定很實用，但自從大衛・貝爾斯利（David Belsley）、愛德溫・庫（Edwin Kuh）和羅伊・威爾施（Roy Welsch）等人在 1980 年出版《迴歸診斷》（*Regression Diagnostics*）之後，條件指標（condition index）便成了共線性診斷的最新利器。這背後的數學推導非常引人入勝，不過我們將此留給諸多教科書講解說明，我們不深入探究數學運算，只集中探討

一個範例。

這方法是要計算每個變數的條件指標，亦即最大特徵值（eigenvalue，稱為特徵根）除以各變數特徵值之後，再取平方根（在相關矩陣中，特徵值是指每個主成分的變異數）。

特徵值總數應該等於變數數量（包括截距），請參照後面的表5.6。這是效果極佳的診斷方法，只要多個特徵值的大小相當均等，即可判定幾乎沒有共線性的問題。若只有少數幾個大數值的特徵值，表示少數幾個成分變數即可描述變數的大部分變異性。特徵值為零，則代表存有完美共線性，而特徵值極小，代表存有嚴重的共線性，這一點很重要。

再次強調，若特徵值趨近於零，表示存在著共線性。根據經驗法則，條件指標大於30的話，就表示有嚴重的共線性。

無論是使用變異數膨脹因子檢定或條件指標，都可得到變異數比例（參見表5.6）。透過變異數比例的值，我們可了解與各特徵值相關之係數的變異數百分比。變異數比例高，代表與特徵值的關聯性強。

接下來談談表5.6。首先是條件指標。截距的特徵值為6.86，而第一個條件指標是6.86／6.86的平方根，也就是1.00。第二個條件指標為6.86／0.082的平方根，即9.142。由於有條件指標大於30，因此可斷定存在共線性問題；此案例共有三個問題（230.42、1048.1、432750）。現在看一下變異數比例的表格。凡是出現大於0.50的值，就必須留意。看一下位於底部的變數X6。變數X6，與截距、X1、X4和X5相關，而X5又與X2（0.8306）和X6（0.504）相關。由此可知，X6是問題最嚴重的變數，必須加以處理。

表5.6：變異數

指標變異數	特徵值	條件指標	截距比例	X1比例	X2比例	X3比例	X4比例	X5比例	X6比例
X1	6.861	1.000	0.000	0.000	0.000	0.000	0.000	0.000	0.000
X2	0.082	9.142	0.000	0.000	0.000	0.091	0.014	0.000	0.000
X3	0.046	12.256	0.000	0.000	0.000	0.064	0.001	0.000	0.000
X4	0.011	25.337	0.000	0.000	0.000	0.427	0.065	0.001	0.000
X5	0.000	230.420	0.000	0.000	0.000	0.115	0.006	0.016	0.456
X6	0.000	1048.100	0.000	0.000	0.831	0.000	0.225	0.328	0.504
X7	0.000	432750.000	0.999	1.000	0.160	0.320	0.689	0.655	0.038

　　至於解決方法，或許可以將X5和X6結合成一個因子，以此做為新的變數，而不使用原本的X5和X6，因為因子在結構上彼此之間本來就不相關（稱為直角）。另外也可將數值換算（尤其是X6），取其指數、平方根或其他形式。這麼做是要找到一個與X6相似的變數，這個變數與依變數相關，但是與X5的**相關性較低**。

　　有可能取得更大的樣本嗎？在原本的數據之外，可以從X6推算出不同數值嗎？如果有合理的理由，就可以拿掉X6，重新跑一次模型，看會得到什麼結果。不過，拿掉變數是最後一個不得不的手段。

流程概要

　　我們介紹過的分析方法大多內建了特定假設，像是迴歸對於線性、常態性等方面都有許多假設。例如說明一般迴歸時，我曾提到無序列相關的假設（尤其是對時間序列資料），而這項假設同樣也可套用到邏輯迴歸。迴歸分析法多半適用大部分假設。介紹羅吉斯迴歸時，我說明了共線性的檢測及矯正方法，而這個在討論羅吉斯迴歸時順帶一提的方法，正好也適用於一般迴歸。

　　簡單來說，實務上只要使用任何迴歸分析法，就應該檢查每項假設，一旦發現假設不成立，也應該進一步檢驗，可以的話，再加以修正。不管是一般迴歸、羅吉斯迴歸，還是其他分析法，都要遵照這個流程。

變數診斷

自變數需執行顯著性檢驗，如同所有迴歸分析一樣，但由於羅吉斯迴歸爲非線性，因此 t 檢定改以華德檢定（wald test）取而代之（華德檢定爲 t 檢定的平方，即 1.96^2 變成 3.84，最後得到 95%）。p 值同樣需小於 0.05。

僞 R^2

邏輯迴歸沒有 R^2 統計量。這會導致認知混淆，稍早我會提到命名貼切的「混淆矩陣」，原因在此。要記得（介紹一般迴歸時提到的）R^2，這是實際依變數和預測依變數之間共同的變異數比例。兩者愈多共同變異數，表示預測依變數與實際依變數愈相近。記住，一般迴歸會產生估計依變數，但邏輯迴歸**並不會**產生估計依變數。實際依變數爲 0 或 1。「羅吉斯」是事件／（1 －事件）的自然對數，因此不會有所謂的「估計」依變數。

如果你不得不評估適合度，建議你對共變項和截距取對數概似值（log likelihood），SPSS 和 SAS 程式可分別僅對截距，以及同時對截距和共變項求 –2LL（負兩倍的對數概似值）。不妨把截距的 –2LL，想成 TSS（總平方和）；將截距和共變項的 –2LL，視爲 RSS（迴歸平方和）。如果你還是需要 R^2，那麼可以利用 RSS／TSS 來達到同樣的效果。

以機率方程式為資料庫評分

一般來說，跑完邏輯迴歸後，會需要套用模型，爲資料庫賦予分數，尤其是資料庫行銷更應如此。沒錯，現在 SAS 程式早

已提供proc score指令，但我希望你能自行操作一次，了解整個流程。這個方法雖然老派，但你會學到更多。

假設我們手上已有下方這個購買機率模型（表5.7），其中依變數為購買事件＝1，未購買事件＝0。由於邏輯曲線只會介於0和1之間，方程式可表示為：機率＝1 ／（1＋e⁻ᶻ），其中 Z＝ α ＋ β Xᵢ。套用模型數據後，計算式如下：

$$機率＝$$
$$1 ／（1＋2.71828 \wedge － （4.566＋X1×-0.003＋X2×1.265＋X3×0.003））$$

這可算出每個消費者的購買機率，該值介於0%和100%之間（2.71828＝e）。所以，將此方程式套用到你的資料庫，就能為每個消費者打一個分數（這能用來繪製提升圖，請見前文），表示其購買商品的機率。

表5.7：購買機率

自變數	參數估計值
截距	4.566
X1	-0.003
X2	1.265
X3	0.003

將邏輯迴歸應用於購物籃分析

摘要

　　一般而言，購物籃分析是一種事後回顧，其使用描述性分析（頻率、相關性、關鍵績效指標計算等），歸結出消費者通常會一併購買哪些產品。這樣的分析結果無法為行銷人員提供深入洞見，遑論形成具體策略。相較之下，預測性分析主要運用邏輯迴歸，顯示在購買其他產品的情況下，購買某產品的機率如何變動（上升／下降）。行銷人員可以據此擬定具體策略，在設計商品搭售方案時加以應用。

什麼是購物籃？

　　經濟學中，購物籃是指消費者所購買的既定品項組合。這個概念後來延伸應用於消費者物價指數（CPI，通膨）等各種指標。在行銷學中，購物籃是指消費者一次購買的兩個或多個商品。

　　購物籃分析的運用很廣泛，尤其在零售／消費性包裝產品（CPG）領域最受重視，行銷人員據此設計搭售方案、推出促銷活動，以及深入了解消費者的購物／購買模式。光從「購物籃分析」本身，無法得知實際的分析**方式**，也就是說，字面上並未透露其所採用的相關技術和方法。

購物籃分析通常會如何進行？

　　資料的使用方法一般可分成三種：描述性（descriptive）、預測性（predictive）和時效性（prescriptive）分析。描述性分析主要關注已發生的事；預測性分析會運用統計分析法，依指定的輸入變數變化（例如價格），計算輸出變數（例如銷量）的相應變動；時效性分析是一種試圖將某些數據（通常是獲利）最佳化的機制。

　　描述性資料（平均數、頻率、關鍵績效指標等）是必要步驟，但對分析而言通常不甚充足。無論如何，都應盡快進入預測性分析階段。需注意的是，這裡所謂的「預測」，並非指預測未來。進行結構分析時，會使用模型來模擬市場，推估（預測）市場變化的前因後果。換句話說，使用迴歸分析，就能從價格的變動情形推估（預測）銷量變化。

　　在進行購物籃分析時，經常使用描述性方法，有時只是「報告」有多少比例的商品會一起購買。親和分析（affinity analysis，前文中的一個小步驟）屬於數學性質，並非統計。這種分析只能計算產品一起購買的次數比例，顯然其中並未涉及機率，僅關注產品一起購買的次數，而非其中關係的分布情形。這是很常見的方法，而且很實用，但它**沒有**預測性質，因此**無法轉**化成實際行動。

邏輯迴歸

　　來談談邏輯迴歸。這是一種歷史悠久的知名統計技術，是資料庫行銷的分析基礎。這跟一般迴歸很相似，都有取決於一或多

個自變數的依變數，此外還有係數（雖然解讀方法不同），並使用（某種）t檢定檢驗每個自變數的顯著性。

不同的是，邏輯迴歸的依變數是二元（只有1和0兩種值），一般迴歸則為連續變數，而且在解讀邏輯迴歸的係數前，需先求得指數。由於依變數的二元性質，結果會產生異質變異（heteroskedasticity）。沒有（真正的）R^2，且「適合與否」與分類有關。

如何推估／預測購物籃

理解「預測依變數是一種機率問題」之後，在探討購物籃分析時使用邏輯迴歸，便成了顯而易見的決定。從邏輯迴歸推估機率的方程式如下：

$$P_{(i)} = 1 \, / \, 1 + e^{-z}$$

其中 $Z = \alpha + \beta X_i$，亦即自變數可以是購物籃中購買的產品，能預測購買其他產品（依變數）的可能性。因此，我們可以鉅細靡遺地挑出各種（主要的）產品類別（依策略決定探討焦點），對每種類別分別跑一次模型，將其他所有重要產品列為自變數。舉例來說，假設現在只有三種產品x、y、z。我們的概念是設計三個模型，並以邏輯迴歸檢測每個模型的顯著性：

$$x = f(y, z)$$
$$y = f(x, z)$$
$$z = f(x, y)$$

其他變數當然也能放進模型，但我們關心的是，這些自變數（產品）在預測消費者購買依變數產品的機率方面，成效是否顯著（且顯著性會達到什麼程度）。達到足夠的顯著性後，模型就能產生與自變數相關徵兆的洞見，亦即自變數產品是否會提高或減少消費者購買依變數產品的機率。

案例示範

假設我們要分析一家零售商店，產品種類包括消費電子產品、女用配件、育嬰用品等。使用邏輯迴歸的情況下，我們應先跑完一系列模型，如下所示：

消費電子產品＝f（女用配件、珠寶、手錶、家具、娛樂等）

也就是說，這些自變數都是二元變數，消費者購買時標示為1，反之則為0。我們將模型的詳細結果整理成表5.8。要注意的是，其他自變數只要夠顯著，一樣可以列入模型，像是節慶、消費者信心、促銷活動等。

接著就能進入解讀階段了，我們先看一下家飾類商品的模型。要是消費者購買消費電子產品，其購買家飾產品的機率會增加29%；若是購買育嬰用品，買家飾的機率會下降37%；如果購買家具，一併買下家飾商品的機率會上升121%。這些數據都隱含了一些意義，尤其是在設計搭售方案和推銷文案時，最有幫助。舉例來說，將家飾和家具放在一起宣傳，會是很合理的作法，但如果以家飾搭配育嬰用品，就顯得匪夷所思。

表5.8：交叉關聯機率

	消費電子產品	女用配件	育嬰用品	珠寶手錶	家具	家飾	娛樂	運動用品
消費電子產品	XXX	Insig	Insig	-23%	34%	26%	98%	12%
女用配件	Insig	XXX	39%	68%	22%	21%	Insig	-31%
育嬰用品	Insig	43%	XXX	-11%	-21%	-31%	29%	-34%
珠寶手錶	-29%	71%	-22%	XXX	12%	24%	-11%	-34%
家具	31%	18%	-17%	9%	XXX	115%	37%	29%
家飾	29%	24%	-37%	21%	121%	XXX	31%	12%
娛樂	85%	Insig	31%	-9%	41%	29%	XXX	31%
運動用品	18%	-37%	-29%	-29%	24%	9%	33%	XXX

　　關於消費者同時購買產品這件事，還有一個需特別注意的地方。如果透過表5.8得知，消費者通常會在購入家具時一併購買家飾，這些項目就可以（也應該）搭在一起銷售及宣傳，但兩者沒有理由一起**促銷**或推出折扣，因為無論如何，消費者通常都會一起購買。

···

結論

　　以上詳述了一種執行購物籃分析的簡單方式（但效果更好）。若能有所選擇，請務必在描述性方法之外，追加採用預測性質的分析方法。

檢核表　　　　　　　　　　　　已達成 ☑

從眾人之中脫穎而出的必要條件

☐ 可以分辨邏輯迴歸和一般迴歸。兩者相似之處在於都是單一方程式中，由一或多個自變數解釋一個依變數。不同之處在於，一般迴歸具有連續依變數，而邏輯迴歸則是二元變數；一般迴歸使用最小平方法估計係數，而邏輯迴歸使用最大概似值。

☐ 記住邏輯迴歸可預測事件發生機率。

☐ 務必使用 Z 分數，來偵測是否存在異常值／具影響力的觀察值。

☐ 指出「混淆矩陣」是一種評估適合度的方法。

☐ 理解提升／增益圖可以評估模型成效，以及決定寄送廣告的對象（尤其對直效行銷更為重要）。

☐ 永遠記得檢查及修正共線性。

☐ 建議使用邏輯迴歸，建立購物籃分析模型。

Chapter 6

消費者最有可能
在何時買單？

引言

存活分析（survival analysis）是一種有趣又實用的分析方法。就行銷科學領域來說，這是相對新穎的方法，最近二十年才逐漸廣爲人知。這能回答一個極爲重要的特別問題：事件（購買、回應、流失顧客等）**什麼時候**最容易發生？比起事件（購買、回應、流失顧客等）發生的**機率有多高**？我認爲這是更切身相關的問題。換句話說，消費者購買產品的可能性或許**很高**，但要十個月後才會眞正結帳。與時機相關的資訊重要嗎？當然重要！記住，時間就是金錢。

不過也要小心。隨著可化爲實際行動的資訊愈來愈多，存活分析比邏輯迴歸更錯綜複雜，應該是可預見的結果。你還記得邏輯迴歸比一般迴歸複雜多少吧？

存活分析觀念概述

透過比例風險模式（proportional hazards modelling）進行存活分析的案例，其實可追溯至戴維・科克斯（David Cox）在1972年發表於《皇家統計學會雜誌》（*Journal of the Royal Statistical Society*）的研究論文〈迴歸分析與生命表〉（*Regression models and life tables*），該文不僅爲統計學科開創了新局，出版以來更是廣受引用。有一點需要特別注意，此方法是專爲研究事件發生前經過的時間之問題所設計。此方法源於生物統計學，而其研究的事件通常就是死亡，因爲這個緣故，這個方法才稱爲

「存活分析」，很貼切吧？

最普遍的使用案例是藥物治療。藥物研究會將研究樣本分成兩組，一組服用新藥，一組未用藥。研究人員每個月定期聯絡這些實驗對象，除了更新最新狀態，也追蹤其存活情形。這些調查資料會繪製成兩條曲線，一條代表實驗組，一條代表對照組。如果治療發揮效果，事件發生前（死亡）的時間就會拉長。

這其中會牽涉到設限觀察值（censored observation）的問題，除此之外，要比較實驗組和對照組的存活時間其實並不難。

> **設限觀察值**：狀態未知的觀察值。這通常是尚未發生或因故無法掌握的事件。

若是實驗對象搬家還斷了聯繫而退出研究，怎麼辦？或是研究結束了，但還有部分研究對象存活，又該怎麼辦？這些狀況就需動用設限觀察值。為了處理這類觀察值，「Cox 迴歸分析」終於問世，而戴維・科克斯將這種非參數的部分概似法（partial likelihood）稱為「比例風險模式」。這種方法可處理設限觀察值，亦即那些不清楚還要多少時間才會發生事件的病患。像這種事件發生時間未定的案例，可能是因為分析當時事件尚未發生，或與患者失去聯繫。

如果實驗對象死於其他原因，並非實驗藥物所治療的病症，該怎麼辦？有沒有其他變數（共變量）可以影響（拉長或縮短）事件發生前經過的時間？一般存活模型必須加以延伸，才能處理這些問題。第一個問題涉及競爭風險，第二個問題則與多自變數的迴歸分析有關。我們很快就會討論這些議題。

職場實例

　　時間來到年底，史考特召集整支團隊和行銷單位召開年度檢討會，此外也打算來場腦力激盪練習。史考特認為，每個聰明的專業分析師都應該不時腦力激盪，以維持靈活的思維。他特別好奇，在其他部門眼中，分析團隊在去年貢獻了哪些價值，而接下來的一年又能如何有一番不同的作為。

　　會議中，行銷經理對史考特和他的團隊讚譽有加，過去一年中，他們提供了精闢的深入洞見，協助行銷單位擬定行動方針。行銷活動的成果為大部分人員贏得了不錯的獎勵，大家都期望來年可以延續這股氣勢。雖然並非所有人都完全了解技術層面的細節，但在史考特的帶領下，團隊的運作還算順利。他努力形塑團隊的形象，希望在旁人眼中，每個人都是專業的顧問 —— 親和健談，樂於與公司其他同仁攜手合作，協助解決問題。

　　「謝謝。」史考特一說完，便轉身面向消費者行銷部總監史黛西。「我們還有哪裡需要改進？我們還可以怎麼幫助妳和妳的團隊鎖定行銷對象？」

　　「目前一切進展順利。我們已經根據消費者回應的機率，整理出行銷對象名單，而且效果很棒。」

　　「很高興聽到妳這麼說。利用邏輯迴歸所繪製的提升圖可以有效聚焦，這樣我們就只需要針對可能回應的潛在消費者寄出廣告資訊。」

　　「因為這樣，我們才能在公司內創下最亮眼的投資報酬率。」

「但我們只能做到這裡嗎？只能鎖定最有可能回應的人嗎？」史考特問道。

　　「還有其他方法嗎？」史黛西反問，同時看了看手機。

　　「我不確定。」史考特說道。「就妳的職責來說，妳還需要什麼資訊？如果先不論資料、可行性或其他限制的話呢？妳知道妳有很強大的後援，只要妳開口，我們就能提供妳需要的資訊，幫助妳把工作做得更好，比以前更好，而這些資訊還能帶給妳莫大的優勢。」

　　「簡單！」克莉絲汀娜接口說道。「要是能知道每個消費者會購買什麼產品，以及購買的順序就好了。我的意思是，如果能知道他**什麼時候**會買桌上型電腦或筆記型電腦，我就不會寄給他一堆無用的目錄或電子郵件。我會在適當的時機寄出最誘人的行銷企畫，告訴他最適合的促銷方案，用最適當的行銷文案盡可能增加他購買的機率。」

　　所有人都看著她，接著紛紛點頭表示贊同。克莉絲汀娜剛跟史考特面談完，準備在畢業後加入他的團隊。

　　「這聽起來很不可思議。」史黛西說道。「我們可以知道消費者最有可能購買每樣產品的時間？」

　　史考特摸了摸下巴。「對，預測各個消費者什麼時候會買產品。」

　　「我有問題。」史考特團隊的分析師馬克接著說：「是購買前預測的意思嗎？我們要事先預測消費者的購買行為？」

　　「沒錯。」史考特回答。「預測他們什麼時候買桌上型電腦、什麼時候買筆記型電腦，諸如此類。」

「想像有一個資料庫，裡面的消費者名單都標上每個人可能購買個人電子裝置、桌上型電腦的天數。」克莉絲汀娜解釋。「我們只要依產品搜尋資料庫，那些較可能愈早購買的人就會收到我們的產品資訊。」

　　「所以要使用迴歸、羅吉斯迴歸，還是什麼分析法？」

　　「不清楚。」史考特說道。「我們要怎麼預測誰還沒購買產品？還是需要算出不同時段的購買機率？」

　　這項新的指標（購買前經過的時間）讓所有人精神為之一振，但史考特很想知道，究竟有什麼方法可以回答前述問題。如果使用一般迴歸，依變數就會是從某基準日（假設是兩年前的一月一日）算起，到「購買桌上型電腦前經過的時間」。真正購買電腦的人會有一個固定的事件發生天數，但對於未購買的人，史考特有兩個選擇。一種方式是，他可以計算到現在為止，例如從兩年前的基準日就開始追蹤，那麼到我寫書的此時此刻，就是725天。換句話說，未購買電腦的人將被迫註記事件發生於725天。這不是個好主意。另一個選擇是直接刪除沒買電腦的人，這也不是好辦法。

　　容我岔題補充一條黃金法則：**不管情況如何，絕不刪除任何資料**。千萬別有這種想法。這是「殺頭等級」的滔天大罪（除非資料錯誤或出現極端值，則另當別論）。

　　若要無視事件發生前經過的時間這個依變數，就要改用邏輯迴歸。換句話說，如果該消費者確實買了桌上型電腦，就標示1，要是沒有購買，就標為0。這個方法等於回到機率的老路，而所有人也一致同意，探討購買時機才是比較符合

策略導向的作法。因此，史考特的結論是，若要探討事件發生前經過時間的問題，不管是一般迴歸還是邏輯迴歸，都有很嚴重的瑕疵。

這裡一定要釐清一個很多人深受其害的陷阱。存活分析是專為估計及了解事件發生前經過的時間而設計，其基本假設是每段時間之間彼此獨立，不互相影響。也就是說，預測本身無法「記憶」。例如，我們要試著預測事件發生的月份，有些訓練或經驗不足的分析師會建立十二個邏輯迴歸，一月一個模型、二月另一個模型，以此類推。收集的資料中，若消費者在一月買了商品，數據會顯示1，反之則為0；同樣地，二月的模型中，消費者買了產品就標示為1，反之為0。看起來沒問題，對吧？大錯特錯，因為二月並未獨立於一月之外。消費者為了在二月購入商品，他們必須先於一月決定不購買。這類議題之所以不適合使用邏輯迴歸，原因就在這裡。

若只是學校的研究報告，邏輯迴歸很適合用來探討特定問題下的小子題。如果資料有區分時段（事件只會定期發生於確切期間），就可以使用邏輯迴歸估計存活分析。不過，這需要的資料集會全然不同，到時每一列將不會是消費者本身，而是事件發生的期間。儘管如此，我還是建議，何不直接使用存活分析（運用SAS程式的lifereg或phreg指令）呢？

存活分析補充說明

存活分析發跡於1970年代的生物統計領域，其研究主題

為死亡。存活分析關注的是事件發生前所經過的時間。在生物統計學中，此事件通常是指死亡，但對行銷來說，事件可以是回應、購買、顧客投奔其他品牌等情況。

存活研究的本質上，有幾個特性是此方法所獨有的。如同稍早所提，依變數是事件發生前經過的時間，因此分析中已經內建了時間。存活分析的第二個特點是設限觀察值。設限觀察值包括尚未發生事件的觀察值，以及研究中因故無法掌握動向的觀察值，因此無法得知事件是否發生（不過我們遲早還是會知道觀察值並未發生事件）。

在行銷領域中，所謂的「事件」通常是「購買行為」。想像我們將資料庫中的消費者一一標上他實際購買商品前所經過的時間。相較於邏輯迴歸、購買機率等方式，這種方法更具行動意義。

談談設限觀察值吧。我們該如何因應這種問題呢？記住，我們並不知道這些觀察項的狀態。我們大可直接刪除這些資料，簡單又輕鬆，但在考量資料量的情況下，我們可能會因此失去很多數據。這些大概會是最值得玩味的資料，所以直接刪除或許不是理想作法（而且別忘了，這是「殺頭等級」的滔天大罪）。我們也可以挑出尚未發生事件的觀察值，無差別地賦予事件發生前時間的最大值。這也不是明智之舉，尤其當樣本有很大一部分都是設限觀察值時，更是麻煩，而實務上的確也常如此。（實驗顯示，去除大量設限觀察值，會導致分析結果有所偏誤。）因此，我們需要一個可以處理設限資料的方法。除此之外，任意刪除設限觀察值，也

會失去很多資訊。雖然我們不清楚消費者何時購買商品（或甚至有無購買），但我們知道他們的確**未**在特定時間之前結帳。所以，其實我們掌握了部分曲線，得以了解某些消費者資訊及行為。這些資料不該貿然刪去，所以戴維·科克斯才發明了部分概似法。

圖6.1是一般常見的存活曲線。縱軸代表「風險集」（risk set），從100%開始遞減。時間為零時，所有人都有發生事件的「風險」，但沒有人真正發生。第一天有一個人死亡（發生事件），剩下99人暴露在風險之中。接下來三天沒人死亡，一直到第五天，才有9人發生事件，以此類推。到了大概第十二天時，有29人發生事件。現在觀察一下圖6.2，這個存活曲線和上圖相同，但整體曲線「較為外移」。第一個曲線中，第十四天即達到50%，但在第二個曲線中，即使到了第二十八天，風險仍未降到50%。也就是說，這張圖中的分

圖6.1：常見存活曲線

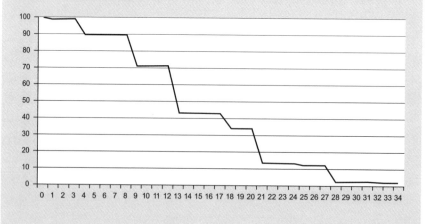

析對象「活得較久」。

　　存活分析是一種迴歸分析，但有一些差異。其使用的不是最大概似法，而是部分概似法（比例風險是最普遍的存活分析形式，使用的就是部分概似）。現在依變數有兩個部分：事件發生前經過的時間，以及事件是否發生，因此需採用設限觀察值。

　　這兩個圖表都是存活分析圖。Cox迴歸的主要重點不在於存活曲線，而是風險率（hazard rate）。「風險」幾乎可說是「存活曲線」的代名詞，可以將之想像成事件發生於某一時間點的瞬間機率。「風險率」可比喻成「時速」之類的概念。假設以每小時40英哩的速度前進，要是速度維持不變，那麼一小時就能前進40英哩。所謂風險，就是將事件在各期間發生的比例量化所得到的結果。

　　SAS程式可以執行存活模型（使用proc lifereg指令）和

圖6.2：存活分析

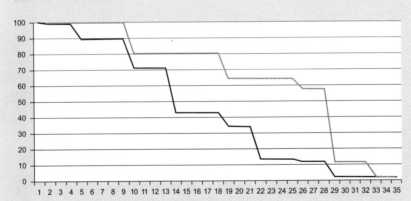

風險模型（使用proc phreg指令）；而SPSS程式僅能執行風險模型（即Cox迴歸分析）。lifereg可搭配左設限和區間設限，而phreg只能使用右設限（這對行銷來說通常不成問題）。此外，使用lifereg必須指定分布，但使用phreg（半參數）時，則無分布考量，這是phreg的優點之一。phreg的另一項優點，是它結合了時間不一的自變數，lifereg則無這項功能（這對行銷來說，同樣也不是什麼問題）。

一般而言，我通常會使用lifereg，因為從產生的結果中，很容易就能預測事件發生前經過的時間。一切都能從存活曲線上判讀，而且相對容易理解和解釋。等一下我們會實際示範。

存活分析並非只是預測事件發生前經過的時間。就跟所有迴歸分析一樣，自變數都形同策略槓桿。假設我們每寄出1,000封電子郵件，購買行為就可能提前三天發生。你發現其中隱含的財務意義了嗎？若能確定某客群在行銷刺激下，願意提前購買商品，這能為我們帶來多少價值？如果這項發現還無法激起你深入追究的動力，那麼你可能入錯行了。

模型輸出與解讀

於是史考特的團隊深入研究了存活分析，認為這方法值得一試。這似乎可以協助他們回答一個關鍵問題：消費者**何時**最有可能購買桌上型電腦？

表6.1是執行lifereg指令得到的桌上型電腦模型。變數的顯著性全都達到95%。第一欄是自變數名稱，而要解讀lifereg係數，需先加以換算。這能將參數估計值轉換成一張

表格，以便從策略的角度予以解讀。

下一欄是Beta係數。這是SAS程式產生的數據，但它就跟邏輯迴歸一樣，意義不大。若係數為負，表示發生購買桌上型電腦事件的時間會縮短；如果為正數，則事件（買電腦）發生的時機會延後。這是一種迴歸分析的結果，因此在其他條件不變的前提下，解讀方式並無二致。

要了解對事件發生時間（time-to-event endpoint, TTE）影響的百分比，必須先對每個Beta係數取指數，亦即e^B，這是第三欄。下一欄會以此減去1，換算成百分比。舉例來

表6.1：執行lifereg指令得到的桌上型電腦模型

自變數	Beta	e^B	(e^B)-1	平均事件發生時間（TTE）
先前已曾購買	-0.001	0.999	-0.001	-0.012
近期瀏覽網站	-0.014	0.987	-0.013	-0.148
#DM數	0.157	1.17	0.17	1.865
#電子郵件開啓數	-0.011	0.989	-0.011	-0.12
#電子郵件點按數	-0.033	0.968	-0.032	-0.352
收入	-0.051	0.95	-0.05	-0.547
家戶規模	-0.038	0.963	-0.037	-0.408
教育程度	-0.023	0.977	-0.023	-0.249
藍領職業	0.151	1.163	0.163	1.792
#寄出的促銷信數	-0.006	0.994	-0.006	-0.066
一年內買過桌上型電腦	2.09	8.085	7.085	77.934

說，「近期瀏覽網站」的e^Beta表示對時間的影響為0.987，若再減去1，則會得到平均事件發生時間減少1.3%的結果。再進一步換算的話，假設平均為11週，則−0.013×11＝−0.148週。以白話解釋就是：如果消費者最近曾瀏覽網站，事件發生時間容易拉近（縮短）0.148週。雖然影響不是很大，但很合理，對吧？

　　注意最後一個變數「一年內買過桌上型電腦」。了解正數2.09傳達的意義嗎？意思是：如果消費者在過去一年內曾買過桌上型電腦，下一次買（新）電腦的時間會拉長((e^B) − 1) × 11 = 77.934週。發現這個數據的功用了嗎？理解存活分析為何能提供精闢策略了嗎？你可以成立一個業務專案，專門探討寄出的行銷宣傳資料（企畫資料成本），藉此縮短購物前時間（提早實現營收）。

　　這項分析通常會用於資料庫，每個消費者都會有一個事件發生時間（指購買桌上型電腦前經過的時間）。資料庫經過排序處理後，可將最有可能購買新電腦的人整理成一份名單（請見表6.2）。這個事件發生時間正好是中位數（第50個百分位數）。

　　注意，1000號消費者預期會在3.3週後入手桌上型電腦，1030號消費者則預期在14.9週後購買。透過存活分析（使用SAS程式的proc lifereg指令），史考特帶領的團隊可以及早從資料庫中找出可能購買電腦的消費者。比起使用邏輯迴歸（只能知道購買機率），參考這份名單會更容易擬定相關行動策略。

現在談談競爭風險。由於存活分析關注的通常是死亡相關問題，因此研究通常會專注於**一種死亡**，或者是說**一種原因**造成的死亡。例如，生物統計研究會聚焦於心臟病造成的死亡，而非癌症或車禍造成的死亡。不過，即使研究只鎖定心臟病死亡事件，病患還是會有死於其他原因的風險。這就稱為「競爭風險」。

在行銷的競技場中，雖然我們追求的是設法讓消費者購買商品（比如說桌上型電腦），但消費者還是有購買其他東西的「風險」，像是筆記型電腦或消費電子產品。幸好，我們可

表6.2：事件發生時間（以週為單位）

消費者ID	事件發生時間（TTE）
1000	3.365
1002	3.702
1004	4.072
1006	4.479
1011	5.151
1013	5.923
1015	6.812
1017	7.834
1022	9.009
1024	10.36
1026	12.43
1030	14.92

以利用程式標示要探討的事件，輕鬆解決。也就是說，史考特可以將某種事件標為「購買桌上型電腦」，其他所有事件則標為「非事件」。他可以另外建立一個「購買筆記型電腦」的模型，並將其他所有事件標為「非事件」，也就是其他所有事件皆為設限觀察值。

我們將以上所述的三個模型整理成表 6.3，包括購買桌上型電腦、筆記型電腦和消費電子產品等事件。

表6.3：比較三個模型

消費者 ID	購買桌上型 電腦前時間	購買筆記型 電腦前時間	購買消費電子 裝置前時間
1000	3.365	75.66	39.51
1002	3.702	88.2	45.95
1004	4.072	111.2	55.66
1006	4.479	15.05	19.66
1011	5.151	13.07	9.109
1013	5.923	9.945	7.934
1015	6.812	22.24	144.5
1017	7.834	3.011	5.422
1022	9.009	2.613	5.811
1024	10.36	1.989	6.174
1026	12.43	4.448	8.44
1030	14.92	0.602	7.76

技術背景補充

首先，lifereg指令會要求你指定分布，這是需要留意的地方（相形之下，phreg就不會要求你指定分布，所以許多分析師喜歡使用這個選項）。若是使用lifereg，建議你測試所有分布函數，找出最適合的選項使用（不管是最低貝氏資訊準則或對數概似值）。另外，分布函數會以圖形呈現，務必確定你所使用的資料是否呈現合理的圖形。

偽R^2

雖然R^2不是一項很有意義的數據（就像邏輯迴歸一樣），但許多分析師都有喜歡採用的R^2類型。整體來說，一般迴歸的R^2是實際依變數和預測依變數之間的共享變異數；存活分析則無預測依變數。很多人將中位數當成預測值使用，算是一種應變之道。建議可分別加入及去除共變量，分次跑完簡單的模型。也就是說，在SAS程式中執行proc lifereg跑一次沒有共變量（自變數）的模型，收集−2LL（負兩倍的對數概似值）統計數據。接著，加入共變量再跑一次模型，同樣收集−2LL數據，再相除。這項（類）數據呈現了「可解釋變異」和「不可解釋變異」的比值。

結論

存活分析並非市場分析領域的常見主題，但應該多加注重。雖然行銷和生物統計（最早使用存活分析的學科）鮮少有交集，本章已介紹基本概念，接著就輪到你實際運用了。

終身價值：預測性分析爲何優於描述性分析

摘要

　　「終身價值」（LTV）只是一種以過去資料計算而得的數值。此數據的確可以形成令人刮目相看的假設，我們可以據此預測未來，但無法深入洞悉爲何某位消費者的終身價值較低，也無法了解如何提高某位消費者的價值。透過預測性質的分析技術，存活分析得以指出促使消費者提前購買的原因，因此才有助於提高「終身價值」。

描述性分析

　　「終身價值」通常是使用過去（歷史）資料計算而來，就這麼簡單，而且這僅能客觀描述已發生的事實。

　　雖然「終身價值」有許多版本（視資料、產業、研究主題等因素而定），但以下概念仍可一體適用：

1. 使用歷史資料加總算出消費者所貢獻的總營收。
2. 此數值扣除某些成本，一般包括服務成本、市場成本、銷貨成本等。
3. 將2.算出的淨營收，換算成年度平均金額，並以現金流的形式呈現。

4. 假設這些現金流會延續到未來，並隨時間遞減（取決於耐久程度、銷售週期等條件），通常每年減少10%左右，直到歸零。

5. 這些（未來持續遞減的）現金流加總後，通常會再打個折扣（去除加權的平均資本成本），得出淨現值（NPV）。

6. 這個淨現值就稱為「終身價值」。前述計算方式可套用至每一個消費者。

　　經過前述計算過程後，每個消費者都會有一個值。一般來說，行銷人員會從中找出「高價值」的消費者（依據過去的消費紀錄）。這些高價值消費者會收到最多商品資訊、促銷／折扣及行銷資料。

　　描述性分析只能針對早已有所互動的客群強力推銷，很像我們之後會介紹的RFM模型（最近一次消費、消費頻率、消費金額）。

　　這個著力點看似不錯，但就和廣泛的描述性分析一樣，並未貢獻太多可利用的資訊。為什麼某些消費者的價值比較高，他們能持續維持價值嗎？有可能從他們身上汲取更多價值嗎？需要付出什麼代價？有可能因為價值較低的消費者比較忠誠，或服務成本較低，而從他們身上獲取更多營收嗎？每個消費者對行銷組合的哪一部分最敏感？

　　誠如稍早所說，「終身價值」對策略擬定毫無實質功用。唯一的策略，就是（僅）鎖定高價值消費者，強力提供商品及促銷資訊。

預測性分析

　　若是採取預測性分析而非描述性分析，「終身價值」會有什麼不同？首先請注意，雖然「終身價值」是未來取向的一種數據，但描述性分析使用的是歷史（過去）資料，計算出來的數值完全奠基於此，將對未來的假設單方面地套用到每個消費者。預測性分析則使用自變數來預測下一次購買所需經過的時間，確實地將「終身價值」投射到（其屬於的）未來。由於造就「終身價值」的主要消費者行為是時間、購買金額和數量，因此需使用能預測事件發生時間的統計法（以一般迴歸預測「終身價值」的話，會忽略時間和購買量等因素）。

　　存活分析是專門為了研究「事件發生時間」這類問題，所設計的一種分析法。此方法內建了時間因素，因此演算法中原本就存在未來觀點，而一般（描述性）「終身價值」計算所隱含的武斷特質，在預測性分析中其實減少許多。

　　那麼，如果使用存活分析，判斷是哪些自變數促使消費者購買商品，情況會怎樣？一旦購買前時間縮短，「終身價值」就會上升。雖然存活分析可以預測消費者下次購買商品所需經過的時間，但使用自變數來「改變」購買時間，才是其重要的策略價值。綜合來說，描述性分析主要呈現以前發生的事，而預測性分析則能指出可能「改變」未來的因素。

　　若要以「終身價值」制定策略，需了解消費者價值的成因，包括消費者掏錢購買的原因、拉長／縮短購物前時間的因素、在未來時間點購買的機率，諸如此類。一旦徹底了解這些深入洞見，即可利用行銷手段（以自變數的形式呈現），從各消費者身

上汲取更多價值。舉例來說，我們可以從中了解一些事實，像是某位消費者對價格變動很敏感，祭出折扣優惠則有機會縮短他下次購買的時間。也就是說，折扣可促使消費者提早購買商品（或許增加購買量或頻率）。再舉個例子，將A商品和B商品整合成方案一起販售，或許可以引起某些消費者的興趣，進而提升他們的購買機率，縮短購買前時間。前述這些洞見可以幫助我們擬定不同策略，滿足不同消費的需求和考量。只要將存活分析套用至每位消費者身上，就能得出相關的深入洞見，進而協助我們理解及鼓勵其改變購物行為。

換句話說，只假設過去的行為會延續到未來（如同描述性分析所做）而不知背後的原因，已無必要。描述性分析和預測性分析，有可能給出相互衝突的答案，所以有人說，太重視「爬行」能力可能不利於發展「行走」能力，實屬相同的道理。

如果公司有辦法讓消費者早點買單，加上產品適合的話，就有可能增加消費者的購買量。但即使購買量並未增加，公司早點獲得營收，仍有其財務價值（時間即金錢）。

另外，公司還能進一步評估「放棄一些獲利，但早點獲取營收」的利弊得失，以此建立商業個案。換言之，在消費者價值和成本之間取得最理想的平衡，這中間有很多策略運作的空間。

總而言之，我們的概念是要就下次購物前經過的時間建立模型、確立基準，再設法提升效益。這該怎麼實現呢？若是採用行為分析模式，得先（依據行為）區隔出各類消費者，接著對各類對象套用存活分析模型，為個別消費者評分。這裡所謂的行為，其實就是指購買行為（消費額、時間、產品占比等）指標，以及消費者對行銷企畫（開信及點擊廣告信、DM折價券等）的回應。

範例說明

表6.4是兩種不同行為分組的兩位消費者。消費者A每隔88天購買一次商品，貢獻的年度營收為43,958，其中成本占7,296，淨營收為36,662，並假設隔年的數據完全相同。所以，第一年減少9%，得到淨現值（NPV）為33,635，第二年再減少9%，此時淨現值為30,857，兩年的「終身價值」總計為64,492。消費者B的算法相同，最後得出淨現值為87,898。

從以上數據可知（描述性分析），行銷人員會鎖定消費者B，是因為他的價值比消費者A多出23,000。但我們知道**為什麼消費者A的價值低這麼多**嗎？有什麼辦法可以提升這類消費者的價值嗎？

對每個分組套用存活分析模型後，即可產生自變數，並顯現其對依變數的影響。在此範例中，依變數為購買前（平均）時間，自變數（定義行為分組的要素）則是折扣優惠、產品搭售、節日宣傳、增加DM目錄及網路獨享優惠等。這些分組因素可依行為將消費者分門別類，再透過存活分析模型，即可了解自變數在不同程度可以造就哪些不同策略。

表6.4：不同行為分組的消費者比較

消費者	購物間隔天數	年度消費	總營收	總成本	第一年淨營收	第二年淨營收	第一年折損	第二年折損	9%水準下的終身價值
A	88	4.148	43,958	7,296	36,662	36,662	33.635	30,857	64,492
B	58	6.293	62,289	12,322	49,967	49,967	45.842	42,056	87,898

表6.5：存活分析結果

變數	A 事件發生時間（TTE）	B 事件發生時間（TTE）
九折優惠	-14	-2
產品搭售	-4	12
節日宣傳	6	5
加碼寄送五份目錄	11	-2
網路獨享優惠	-11	3

對兩種不同分組的兩位消費者執行存活分析後，我們將得到的結果整理成表6.5。自變數為九折優惠、產品搭售等。從「事件發生時間」的數據可知，若改變任一自變數，購買前時間會有什麼變化。

例如，若給予消費者A九折優惠，其購買前時間平均可縮短14天；為消費者B提供同樣的優惠，則只能促使其提前2天消費。顯然，A對價格的敏感度遠高過B，若僅仰賴描述性分析，想必無法得知此現象。同樣地，如果對A寄送更多產品目錄，只會延長其事件發生時間，但能促使B提前2天消費。

值得注意的是，幾乎沒有什麼行銷手段可以大幅改變B的消費習慣。我們幾乎已經獲得B的所有消費，其事件發生時間不會受任何行銷影響太多。反觀A，我們有好幾種方法可以靈活利用，鼓勵其消費。再次強調，若不是對各行為分組採取存活分析，無法獲得前述寶貴結果。

表6.6（見下頁）是使用存活分析結果，重新計算消費者A的數據所得到的新終身價值。我們利用折扣、產品搭售和網路獨

享優惠等方式，將事件發生時間縮短了24天。值得注意的是，（採取預測性分析後）消費者A的終身價值已超過消費者B。

除了行銷策略手段之外，存活分析還具有財務優化功能，尤其是營銷成本。例如，假設A對折扣優惠有反應，我們就能計算及測試需要的（適度）折扣門檻，吸引消費者提前上門購買商品，進而獲取預估的營收金額。這麼做的話，最終能演變至成本／效益分析，促使行銷人員思考相關策略。能為行銷人員提供策略選擇，正是預測性分析的一大優點。

表6.6：終身價值計算結果

消費者	購物間隔天數	年度消費	總營收	總成本	第一年淨營收	第二年淨營收	第一年折損	第二年折損	9%水準下的終身價值
A	64	5.703	60,442	10,032	50,410	50,410	33,635	30,857	88,677
B	58	6.293	62,289	12,322	49,967	49,967	45,842	42,056	87,898

從眾人之中脫穎而出的必要條件

☐ 指出「事件發生時間」是比「事件發生機率」更值得探究的行銷問題。

☐ 記得存活分析源自生物統計學，雖然在行銷領域並不常見，但效用極佳。

☐ 了解存活分析有兩種「口味」選擇：執行 lifereg 指令和比例風險模式，其中前者能繪製存活曲線，後者可求出風險率。

☐ 熟悉競爭風險，這是存活分析的自然產物。對行銷領域來說，這能得知各個事件發生時間，也就是消費者購買多樣產品前所需經過的時間。

☐ 體認（執行存活分析後）預測性終身價值比描述性終身價值，更能提供實用的精闢洞見。

Chapter 7

追蹤資料迴歸分析
如何使用橫斷面的
時間序列資料

引言

大多數依變數分析架構中，每一列可以代表橫斷面或期間，但不會同時使用兩者。橫斷面通常會採取一般迴歸，期間通常會選擇自我迴歸（auto regression）。若能在架構中同時納入兩者，不僅估計效果更好，也能得到更準確的洞見。之所以估計成效更佳，是因為橫斷面和期間的變異數可提供更多資訊內容。

橫斷面是什麼意思？橫斷面是指依消費者、分店、地理位置等條件來分析，如此一來，各個橫斷面的時序資料，不管是銷量、媒介、促銷或其他刺激，都能擔任自變數。追蹤資料迴歸分析的好處，在於其同時使用可說明橫斷面與時序影響的橫斷面和時序觀察項（請見表7.1，p.165）。

我們將各地區及不同時序在銷售額、促銷、媒體等方面的差異列入考量，以呈現地理位置的變異情形（可以是相同地區的銷售或相同消費者，諸如此類），這是我們時常透過分析加以探究的問題。

追蹤資料迴歸特別適合分析橫斷面的時序資料。除了可將前述效果融入模型，同時也能提升取樣規模，不過，所產生的效益可能不明顯。此外，追蹤資料模式（尤其是固定效果）還能控制未察覺之異質性的影響，這個好處就相當舉足輕重了。

本章關注的商業問題是地區（地理區域）的影響。這是企業很重要的業務要素之一，也是大量分析的來源與研究重點。

典型的地理分析範疇，包括需求（依地區）和行銷傳播／媒介（依期間），有必要整合橫斷面和時序觀點所提供的資訊。

地區模型的功用是衡量某一地區在不同時間的變化。若要同時掌握不同地區和時間的影響，勢必得採用一般迴歸（不管是否採用時間序列）以外的方法。換句話說，如果採取的方法是依地區分析（每一列為一個地區），就無法兼顧時間因素；若是以時間序列為主（每一列是一個特定期間），則地區資料只能以整體時序呈現，不同地區的影響力就無法掌握。

　　那些隱藏或不在觀察範圍內的變數（但對銷量有其影響力），是迴歸架構的另一個常見問題。換言之，可能會有其他變數（競爭行為、社會人口因素等），是企業無法理解的要素（缺少具解釋能力的變數）。若使用普通最小平方法（一般迴歸），得到的結果會有偏誤。相較之下，追蹤資料迴歸分析則可全面解釋，同時排除偏誤的影響。

　　綜合以上所述，我們的目標是要依據地區在不同時間的情形，評估各類型媒介帶來的影響。我們可以在此基礎上擬定具體計畫，將預算花在影響力最大的地方（例如媒體、行銷文案等管道）。

▌什麼是追蹤資料迴歸分析？

　　資料大致可區分為橫斷面或縱斷面資料，而追蹤資料是指既為橫斷面，也具時序性質的多維度資料。因此，分析追蹤資料時，等於同時採用了橫斷面和縱斷面資料。縱斷面資料一般可分為三種類型：

1. **時序資料**：從單一橫斷面擷取多個觀察項，例如股價、單週銷量摘要。
2. **合併的橫斷面資料**：自多個橫斷面收集兩個以上樣本，例如社會／人口問卷調查、地區或子市場的營收。
3. **追蹤資料**：自兩個以上橫斷面，匯集兩個以上觀察項，例如不同企業組織在不同時間點的時序資料、地區或子市場，在不同時間的彙總資料。

　　追蹤資料分析模式旨在描述不同時間的變化（橫斷面）。舉例來說，在考慮季節性的情況下，不同程度及類型的媒介，會對地區銷量造成什麼影響？這種因果研究模型可以解釋政策評估，並估計處理效果。

　　橫斷面（又稱為群組或單位）是指觀察值樣本，像是分店、消費者、子市場、郵遞區號、家戶等。換句話說，任何具有不同時間點多個觀察值的群組，都能做為追蹤資料使用。

　　關鍵問題在於無法察覺的異質性（與其說是商業問題，這比較偏向計量經濟學領域）。簡單來說，就是分析中可能藏有其他原因、缺少某個變數，或有個影響依變數的因素，但沒有具體資

料可以呈現。透過追蹤資料模式，這類難以察覺的異質性影響，就能在模式中顯現。如果是以常數的形式，處理這種無法察覺的橫斷面影響，即為固定效果模型；若是選用隨機值來表示，則為隨機效果模型。

追蹤資料迴歸分析的細節補充

資料結構

　　若要了解追蹤資料的結構概觀，請參見表7.1。每個地區都是一個橫斷面，每一季都是一個期間。要注意的是，橫斷面的資料會重複八次，每一列代表一季，資料橫跨的時間共計兩年。自變數為每個期間寄給該地區消費者的DM、電子郵件和簡訊服務數量。我們想知道，這些行銷傳播手法在不同時間會如何影響各地區的營收（依變數）。

固定效果模型

　　這種模型具有恆定的斜率，但截距會依橫斷面（群組、單位、消費者、分店、地區）或期間而變動。因此，這種模型本質上是一種一般迴歸虛擬變數模型，因為每個橫斷面或期間都會套用一個虛擬變數：

$$Y_{it} = a_i + X^t_{it}B + e_{it}$$

表7.1：追蹤資料結構

地區	季度	營收	DM數	電子郵件數	簡訊數
1000	1	$12,450	48	214	13
1000	2	$135,750	147	226	38
1000	3	$155,887	183	228	46
1000	4	$225,125	357	237	101
1000	5	$13,073	60	214	13
1000	6	$142,538	147	227	41
1000	7	$163,681	184	230	54
1000	8	$236,381	445	239	114
1001	1	$11,205	48	213	12
1001	2	$122,175	118	224	32
1001	3	$140,298	146	226	40
1001	4	$202,613	356	236	90
1001	5	$11,765	48	214	13
1001	6	$128,284	147	225	36
1001	7	$147,313	147	227	42
1001	8	$212,743	358	236	93
1002	1	$14,006	60	215	14
1002	2	$152,719	147	227	43
1002	3	$175,373	229	231	61
1002	4	$253,266	503	240	123
1002	5	$14,707	60	215	14
1002	6	$160,355	183	229	50
1002	7	$184,142	229	232	67
1002	8	$265,929	524	241	133
1003	1	$25,000	75	218	20
1003	2	$35,000	93	219	22

地區	季度	營收	DM 數	電子郵件數	簡訊數
1003	3	$75,000	94	220	23
1003	4	$125,000	117	224	33
1003	5	$95,000	117	222	27
1003	6	$125,000	118	224	33
1003	7	$185,000	229	233	69
1003	8	$275,350	545	242	144
1004	1	$14,006	60	215	14

Y_{it}是依變數，依主題i和時間t加以劃分，而a_i是各主題的截距項，X是不同時間和主題的自變數，B是自變數的係數。

固定效果模型有一些限制。由於虛擬變數時常數量龐大，自由度會因此大受影響。換句話說，統計檢定的效果會因此減弱。虛擬變數太多，也代表可能產生共線性，進而改變正負、提高標準誤差，並削減統計檢定的成效。

然而，固定效果模型的確可以消除未察覺異質性的影響，這個特點相當重要。

隨機效果模型

這種模型假設截距為一個隨機變數。隨機的結果，會產生一個由平均值和隨機誤差所組成的函數，進而得到一個橫斷面誤差項，假設為V_i。由此可知橫斷面常數的確切誤差，亦即隨機誤差V_i對個別橫斷面的特有異質性。

要注意的是，這個隨機誤差會保持不變。因此，隨機誤差e_{it}是特定觀察項所獨有。隨機效果模型的獨特效益在於，其可允許

將非時變（time-invariant）的變數列入自變數中：

$$Y_{it} = X^t_{it}B + a + u_i + e_{it}$$

Y_{it}是依變數，依主題i和時間t加以定義，而a＋u_i表示未察覺的效應，其中包括一個所有主題共有的要素，以及部分主題才有的干擾項。X是不同時間和主題的自變數，B是自變數的係數。

係數可以隨不同橫斷面而改變。這種模型可允許「隨機截距」和「自變數」因共同平均數而變化。因此，隨機係數可視為共同平均數和誤差值作用下的結果，代表各橫斷面的平均差。

依效果決定適合的模型

豪斯曼檢定（Hausman specification test）在虛無假設（null hypothesis，即個別效應與模型中的其他迴歸均無相關）下，比較了固定與隨機效果模型。若有相關，Ho（虛無假設）就會受到駁斥（Pr＞0.05），亦即隨機效果模型產生的估計結果有偏誤，固定效果模型才是比較理想的選擇。

F檢定可檢測固定效果模型的影響是否全然為零。簡單來說，如果Pr＜0.05，代表不適合採用固定效果模型。

職場實例

在策略擬定方面，結合地理定向（geo-targeting）進行檢定及預測，甚至試著在零售市場分區上市，著實已有長足進展。不過，地域性對銷量的解釋力道究竟有多大，始終是分析上的一個問題。史考特知道，這個問題最後會回歸到行銷媒介的成本，尤其是 DM。他提議使用追蹤資料迴歸分析，此方法可凸顯橫斷面的解釋能力（涵蓋地區和時序資料）。於是，他收集了每一季的銷售數據。

透過豪斯曼檢定的結果，隨機效果模型不適合此案例，所以史考特採用了固定效果模型。也就是說，「行銷媒介」這個變數的係數會固定不變，在此情況下收集不同時序和橫斷面群組的深入洞見。

行銷媒介（DM、電子郵件、簡訊）的相關洞見

為了展現豪斯曼檢定的重要性（該檢定可判斷哪種效果模型不適合使用），我們採取隨機效果模型求得各種行銷媒介的係數，整理成表7.2。

表7.2：行銷媒介係數（隨機效果模型）

R^2	45.56%
參數	EST
DM	2,335.6
電子郵件	91.6
簡訊	-6,848.8

豪斯曼檢定的結果是隨機效果模型不適合，於是我們利用固定效果模型，針對各種行銷媒介求得表7.3（見下頁）的數據。固定效果模型的成效較佳，而且它對行銷媒介的洞見也比較合理。如固定效果模型所示，由於電子郵件疲乏的緣故，電子郵件可能會產生反效果。而在隨機效果模型中，簡訊是具有反效果的行銷媒介，電子郵件反而有效，這樣的結果不太合理。

期間（季度）的相關洞見

我們將第八季的資料移除（避免虛擬變數陷阱），從剩下的季度資料中，我們可以知道特定期間的影響，進而歸結出有意義的洞見。第七季的營收平均增加19,000，第五季的營收平均下降50,000；所有數據表現皆顯著。

表7.4（見下頁）指出，以季為單位劃分的季節性有其重要之處，且可預測，因此要準確衡量行銷媒介的影響，務必將此因素列入考量。

橫斷面（地區）的相關洞見

所有地區變數皆表現顯著，但影響力正負不一。

表7.5（見下頁）足可顯示橫斷面分析的價值所在，其傳達的洞見極有意義。營收的變化有一部分可以歸因於地區之間的差異。各地區的情況存在顯著差異，進而影響行銷媒介的影響力。倘若模型忽略了地區變異數，適合度勢必會大打折扣，同時也會將太多影響力歸到行銷媒介本身，行銷傳播的重要性將因此受到高估。

表7.3：行銷媒介係數（固定效果模型）

R^2	94.91%
參數	EST
DM	1,960.6
電子郵件	-297.4
簡訊	5,679.4

表7.4：以季為單位的季節性

參數	EST
第一季	-11,478
第二季	6,705
第三季	2,500
第四季	1,247
第五季	-50,000
第六季	-9,056
第七季	19,000

表7.5：橫斷面分析

參數	EST
地區 001	2,001
地區 002	1,852
地區 003	1,174
…	…
地區 745	-116
地區 746	-221
地區 747	-409

結論

　　現在史考特可以清楚指出，地區銷量是橫斷面和時序變異數交互影響下的結果。其他因素（像是競爭密度、銷售區人口組成等）皆已內嵌於地區對營收的影響。唯有考慮地區變異數和時序變異數，才能精準掌握完整情勢。如此一來，也能夠正確選擇不同的行銷媒介，使其發揮應有的影響。透過追蹤資料迴歸分析，分析工作才能面面俱到。

檢核表　　　　　　　　　　　已達成 ☑

從眾人之中脫穎而出的必要條件

☐ 了解資料何時可以長期追蹤（橫斷面和時序）。

☐ 體認追蹤資料迴歸分析的優點，**同時**採用橫斷面和時序資料。

☐ 記住追蹤資料迴歸分析有固定效果、隨機效果和混合效果等三種模式。

☐ 透過豪斯曼檢定和 F 檢定，判斷固定效果模式或隨機效果模式哪個比較適合。

☐ 理解追蹤資料迴歸分析的假設，即大部分的解釋能力來自橫斷面和時序資料，**並非自變數**。

Chapter 8

以方程式系統建立依變數類型的模型

▌引言

截至目前為止，我們始終在處理單一方程式，切入點相當簡單。當然，消費者行為一點都不簡單。行銷科學的宗旨，就在於了解、預測，乃至最後鼓勵及改變消費者行為，而這所需採取的

方法，恐怕會如同消費者行為一樣精細複雜。這種情況下，聯立方程式應運而生，以更切合實際的角度處理行為模式。

> **聯立方程式**：一種超過一個依變數類型的方程式，通常會共用多個自變數。

什麼是聯立方程式？

簡單來說，聯立方程式是方程式組成的系統，以代數的形式呈現。這很重要，因為這能開始模擬整個程序。總體經濟學會使用聯立方程式（還記得凱因斯方程式〔Keynesian equations〕嗎？），當然行銷領域也可以。

預定變數與外生變數

變數可分為兩種：預定變數（落遲的內生變數和外生變數）和內生變數。一般而言，外生變數是在方程式系統**外**決定的變數，內生變數是在系統**內**決定的變數（不妨想成內生變數是由模型所解釋）。了解這一點的話，在恆等式中使用法則時，會比較容易上手（恆等式問題是很**棘手**的難題，但不解決的話，就無法估計模型）。

這之所以重要，是因為預定變數會同時與方程式中的誤差項不相關。值得留意的是，這可以用因果關係來解釋。如果Y起因於X，則在同時預測或解釋Y時，Y就不會是自變數。以經濟學

常見的方程式為例：

$$\text{Q（需求）} = \text{D(I)} + \text{D（價格）} + \text{收入} + \text{D（誤差）}$$
$$\text{Q（供給）} = \text{S(I)} + \text{S（價格）} + \text{S（誤差）}$$

注意，變數 Q 和價格是內生變數（在體系中計算），收入為外生變數；換言之，收入是另外給的數據。（D(I) 是需求方程式的截距，S(I) 則是供給方程式的截距。）這些方程式稱為結構式模型。以代數來說，給定一個簡化方程式，這些結構式模型就能解出內生變數。

簡化方程式：計量經濟學中，以內生變數為解的模型。

$$Q = \left(\frac{D(價格) \times S(I) - D(I) \times S(價格)}{D(價格) - S(價格)} \right) - \left(\frac{收入 \times S(價格)}{D(價格) - S(價格)} \right) 收入$$
$$+ \left(\frac{-S(價格) \times D(誤差) + D(價格) \times S(誤差)}{D(價格) - S(價格)} \right)$$

$$P = \left(\frac{-D(I) + S(I)}{D(價格) - S(價格)} \right) - \left(\frac{誤差}{D(價格) - S(價格)} \right) 收入 + \left(\frac{-D(誤差) + S(誤差)}{D(價格) - S(價格)} \right)$$

簡化方程式顯示，內生變數（在系統中即可確定的變數）**取決於**預定變數和誤差項。也就是說，Q 和 P 的值是由收入和誤差所決定，亦即收入的數據需直接取得。

需留意的是，內生變數價格在每個方程式內看似都是自變

數。但事實上，價格並非完全獨立，其實需仰賴收入和誤差項，這是問題所在，尤其價格還會（同時）與誤差項相關。自變數和誤差項彼此相關，會導致結果不一致。

為何需要聯立方程式？

若應使用聯立方程式而**未用**，參數的估計值會**不一致**！而且，從聯立方程式中得到的洞見會更切合事實。以聯立方程式模擬實際情形，可適度體現真實情形的複雜程度。

基礎概念說明

一般而言，經濟模型中需要解釋的變數個數，必須與模型中的獨立關係個數相等。這是一種識別問題（identification problem）。

許多教科書（例如傑・克門特、彼得・肯尼迪、Greene 等人的著作）都會透過數學推導，解開聯立方程式。普遍的問題在於，方程式必須有足夠的已知變數，才能「破解」各個未知的估計量，也就是說，需要有法則可以依循才行。幸好，我們確實有法則可循。解決識別問題的法則如下：

方程式所排除的預定變數個數，必須大於或等於方程式中內生變數的個數減1。

現在將此法則套用到供需方程式中：

$$Q（需求）= D(I) + D（價格）+ 收入 + D（誤差）$$
$$Q（供給）= S(I) + S（價格）+ S（誤差）$$

- **需求**：排除的預定變數個數爲零。收入是唯一的預定變數，但需求方程式**並未**將此排除在外。方程式內生變數的個數減1等於1（2 － 1 ＝ 1。兩個內生變數爲數量和價格）。因此，方程式所排除預定變數的個數爲零，的確小於方程式中內生變數的個數。也就是說，此需求方程式不足以辨識（under-identified）。

- **供給**：排除的預定變數個數是1。收入是唯一的預定變數，且供給方程式將此排除在外。方程式內生變數的個數減1等於1（2 － 1 ＝ 1。兩個內生變數爲數量和價格）。因此，方程式所排除預定變數的個數爲1，等於方程式中內生變數的個數。也就是說，此供給方程式剛好可辨識（exactly identified）。

估計值的理想屬性

目前我們尚未談到估計值的理想屬性，現在正好可以聊聊。我們已經介紹過如何估計價格和廣告開銷的係數，但從未談及如何判斷估計值的「好壞」。以下即將簡短說明。如果你需要更完整的背景資訊（較偏向統計理論），計量經濟學的教科書大多可以滿足你的需求（如同前言所述，我個人推薦傑·克門特的《計量經濟學的要素》和彼得·肯尼迪的《計量經濟學原理》）。

不偏性

大多數計量經濟學家一致同意的屬性，就是不偏性（unbiasedness）。不偏性與取樣分布有關。（還記得介紹基礎統計學那一章嗎？沒想到這裡還會再次提起吧？）

如果我們針對要估計的任一係數無限取樣，將所有樣本取平均值，接著以平均值繪製分布圖，最終我們會得到變數的Beta係數分布圖。這些平均值的平均，就是Beta係數的正確值。真的，不騙你。

不過這代表什麼意思？如果（極龐大樣本數）取樣分布的平均數，等於Beta係數估計值，此時的Beta估計值據說會是毫無偏誤。換句話說，如果重複取樣過程的Beta係數平均值為Beta係數，則Beta平均估計值會最客觀。注意，這裡的意思**並非**Beta估計值就是正確的Beta係數，而是**就平均而言**，Beta係數的估計值會等同於Beta係數。聽起來很模糊籠統，對吧？

這種理論有個很明顯的問題：「怎麼知道估計值毫無偏誤？」很不幸地，這牽涉到很複雜的數學運作，但簡單來說，這

取決於數據的產生方式，且有一大部分需取決於模型誤差項的分布情形。別忘記，統計使用的是歸納思維（並非演繹思維），因此是一種間接的推斷方法，像是以迴歸求估計值的程序中，就已隱含了這類特性。這種特性又進一步衍生出相關假設，將數據產生方式與此對分布的影響納入考量，從中總結對樣本分布的意義。舉例來說，迴歸的假設包括：

1. 依變數其實**取決於**自變數和係數的線性組合。
2. 誤差項的平均值為零。
3. 誤差項無序列相關，且（與所有自變數之間）具有相同的變異量。
4. 在重複抽樣中，自變數保持不變，通常稱為「非隨機變數 X」（non-stochastic X）。
5. 自變數之間不具完全共線性。

　　計量經濟模型的宗旨，就是利用極度擬真的方式，處理（偵測及修正）違反前述假設之處。明白地說，促使參數估計值的取樣分布，具備不偏性等理想屬性，正是這些假設的設立目的。
　　那麼，不偏性有多重要？有些計量經濟學家聲稱這是極度重要的特性，因而窮其所有時間和心力追求這個理想（及其他特性）。對此，我有點不以為然。我想知道估計值是否有所偏誤，或許還能試著猜測偏誤程度，但在真實世界中，這時常流於不切實際。原因在於，由於理論上樣本數毫不設限，加上樣本分布平均而言**就是**真正的 Beta 係數估計值，因此我們永遠不知道挑選的樣本品質如何。樣本品質異常低落，並非不可能。而且現實

中，我們通常無法取得太多樣本，很多時候，我們只能拿到**一種**樣本，就是身邊最好取得的那種。

效率

除了不偏性之外，在許多案例中，「效率」通常會是比較有意義的屬性。所謂效率，是指估計值的變異數在所有無偏誤估計值中最小。簡單來說，在所有無偏誤的估計值中，變異數最小的估計值最有效率。

一致性

不偏性和效率，都與估計係數的取樣分布有關，不需考慮取樣規模。漸進屬性（asymptotic property）則是在大規模取樣下，展現估計係數取樣分布的一種特質。「一致性」正是（大規模取樣的）漸進屬性。

隨著取樣規模增加，取樣分布也會改變，因此平均數和變異數也會隨之變化。一致性的意義，即在於取樣規模提高到無限大時，真正的 Beta 值會收斂到母體 Beta 值。

我很喜歡「一致性」這項特性，因為（在資料庫行銷之類的研究中）我們的樣本數通常很龐大，而在一致性的約束下，我們對於估計值的取樣屬性才能感到安心。

為什麼現在會談到這些觀念呢？因為在聯立方程式中，估計值唯一可具備的屬性就是一致性（因為自變數在反覆取樣中**不會**維持固定，亦即違反了非隨機變數 X 的假設）。

職場實例

史考特的上司把他叫進辦公室，這次的開會主題是競食（Cannibalization）。

「史考特，你應該知道，我們的定價團隊隨時戰戰兢兢，無時無刻都在擔心產品團隊的定價不周，使產品之間相互競食市場。」上司說道。

「我知道，每一季都會談到這個問題。」史考特說道。

「之前你曾多次量化公司的行銷操作，所以我很好奇，我們有沒有辦法處理一下競食問題？」上司問道。

「『處理』一下？」史考特問道。

「我們有可能利用模型找出最適當的解決辦法嗎？三樣產品該怎麼定價，整體營收才能達到最高水準？」上司問道。

「這樣聽起來，重點應該是對公司有利的定價，而不是產品的定價。這感覺起來是很複雜的問題。」上司說道。

「但這很像你之前做的彈性模型，尤其是替代品的概念，對吧？」上司問道。

「我想是吧。我不確定怎麼在迴歸中放進每樣產品的需求。我需要研究研究。」史考特說道。

「太好了，謝謝。明天寄電子郵件給我，說一說你的想法。」上司說道。

史考特看著上司，若有所思。他的上司把椅子轉個方向，繼續處理收到的電子郵件。史考特帶著滿腦子的疑惑，起身回到自己的座位。

有可能使用需求方程式嗎？比方說，在需求方程式中，不只探討桌上型電腦的價格，同時也納入筆記型電腦和伺服

器的價格？看起來似乎無法將所有資料一網打盡。換句話說，這勢必牽涉到方程式之間的關係，亦即消費者會在物色桌上型電腦時，同時留意筆記型電腦的價格變化。史考特需要想辦法彙整每一項產品價格對產品需求的影響，製成模型。

$$\left| \begin{array}{l} qDT = pDT + pNB + pWS \\ qNB = pDT + pNB + pWS \\ qWS = pDT + pNB + pWS \end{array} \right|$$

（※DT ＝桌上型電腦。NB ＝筆記型電腦。WS ＝伺服器）

上方是需求系統模型。這是由三個聯立方程式組成，可（自然地）同時解開，它假設每樣產品的需求（銷量），會受到其自身價格及其他產品的價格所影響。

要注意的是，這裡使用的方法相當簡明，而且偏計量經濟導向。如需深入了解數學和個體經濟學的方法，請參閱安格斯・迪頓（Angus Deaton）和約翰・穆爾拜埃（John Muellbauer）在1980年出版的大作《經濟學與消費者行為》（*Economics and Consumer Behavior*）。該書具體而微地詳述了消費者需求和需求體系，最後得到（名稱不太吉利的）「近似完美的需求系統模型」（Almost Ideal Demand System, AIDS）。

就這樣，史考特開始研究起聯立方程式。他很快就發現這種方法顯然違反一般迴歸假設（重複取樣過程中，自變數保持不變，或稱為非隨機變數X）。也就是說，若要求得自變數的解，必須仰賴其他方程式的自變數數值。由此可知，我們最終樂見的唯一屬性，既非不偏性，也不是效率，而是一

致性。聯立方程式正好具備我們需要的漸進屬性。

此外，史考特還發現聯立方程式的另一個問題：識別問題。他必須套用之前提過的那套法則，確定每個方程式必須至少可以辨識才行。再複習一次：

辨識法則：方程式所排除的預定變數個數，
必須大於或等於方程式中的內生變數個數減 1。

接下來，史考特必須將收集到的資料整合成方程式。現在他手上有過去三年來，桌上型電腦、筆記型電腦和伺服器（銷量）的每週數據。另外，他也握有每種產品的總營收，因此可以算出平均價格（價格＝總營收／銷量）。他打算將季節性和消費者信心納入討論。最後，他收集了公司每週寄出DM和電子郵件的數量，以及消費者開信及點擊的次數。

史考特將模型產生的結果整理成表8.1。值得注意的是，所有項目的辨識狀態都是「過度辨識」。以桌上型電腦來說，排除的預定變數個數為4（電子郵件數、點擊數、一月、十月），計入的內生變數個數（減1）為3（桌上型電腦銷量、桌上型電腦價格、筆記型電腦價格、伺服器價格），最後得到4＞3的結果。接下來是筆記型電腦：排除的預定變數個數為4（DM數、消費者信心、十二月、十月），計入的內生變數個數（減1）為3（筆記型電腦銷量、桌上型電腦價格、筆記型電腦價格、伺服器價格），最後得到4＞3的結果。最後是伺服器：排除的預定變數個數為6（電子郵件數、DM數、

點擊數、消費者信心、十二月、八月），計入的內生變數個數（減1）為3（伺服器銷量、桌上型電腦價格、筆記型電腦價格、伺服器價格），最後得到6＞3的結果。

表8.1：模型結果

	桌上型電腦價格	筆記型電腦價格	伺服器價格	DM數	電郵數	點擊數	消費者信心	一月	十二月	十月	八月
桌上型電腦銷量	-1.2	2.3	0.4	3.7	XX	XX	5.3	XX	1.2	XX	0.5
筆記型電腦銷量	1.1	-2	0.2	XX	6.2	2.2	XX	-0.8	XX	XX	2.9
伺服器銷量	0.2	0.8	-2.6	XX	XX	XX	XX	-1.1	XX	-1.9	XX

那麼，表8.1代表什麼意思？這是為了找到最佳定價所建立的模型，這能告訴史考特什麼精闢洞見？

由於此次的研究重點是定價，尤其是競食問題，所以我們先看桌上型電腦的部分。一如我們所料，價格係數為負，所以價格上升，銷量下降。現在，請注意筆記型電腦的係數為正（＋2.3），表示（桌上型電腦買家）將筆記型電腦視為可能的替代品。如果筆記型電腦降價，由於桌上型電腦需求為正相關，因此桌上型電腦的銷量也會下降。這是攸關行銷

策略的重要資訊。定價人員無法（永遠都無法）閉門造車，憑空決定價格。記得亨利‧赫茲利特（Henry Hazlitt）的著作《一課經濟學》（*Economics in One Lesson*, 1979）嗎？這告訴我們，一切都會（直接或間接）有所關聯。筆記型電腦價格的變化會影響桌上型電腦的需求，也就是說，定價人員應採取產品組合的思維，而非單一產品的思考模式。另外也應注意，桌上型電腦方程式中，伺服器價格同樣也是替代品，但替代力道較弱。很明顯地，我們可以運用這項資訊，盡可能創造最大總獲利。品牌（或產品）之間或許會互相取代，但成功的公司會以企業的高度來經營。類似的結論也可套用至其他產品，至少在定價方面是如此。

其他自變數也可以類似的方式詮釋。消費者信心和DM數，對桌上型電腦銷量有著正向影響力，但對其他產品則不然。從筆記型電腦來看，電子郵件和點擊數為正，但一月這段期間為負。至於伺服器的話，一月和十月都為負。這些都對策略擬定相當有利，像是別寄電子郵件給桌上型電腦客群、別寄DM給筆記型電腦客群，以及一月別規畫太多行銷活動。

史考特利用前述收穫，協助定價團隊理出頭緒。他們開始以企業家的格局看待定價，不侷限於單一產品。一開始並非所有人都能接受這些改變，但看著營收增加（後來也成了他們的獎金），他們的焦慮與不安才總算煙消雲散。

結論

　　聯立方程式可以量化我們所見的現象，為我們找到原本無法獲得的解答。無庸置疑，這需要專門的軟體和高度專業，過程稱不上簡單。但如同以上職場實例所示，除了這種方法之外，案例中的公司還能如何找到為不同產品或品牌制定理想價格的策略呢？簡言之，付出的努力終將值得。

檢核表　　　　　　　　　　　　　　　已達成 ☑

從眾人之中脫穎而出的必要條件

☐ 學著享受聯立方程式為分析工作帶來的複雜度，因為這更能呈現實際的消費者行為。

☐ 記住聯立方程式使用兩種變數：預定變數（落遲的內生變數和外生變數）和內生變數。

☐ 指出估計值具有理想屬性：不偏性、效率、一致性。

☐ 體認計量經濟學關注的重點，在於偵測及修正違反假設之處（例如線性、常態、球形誤差項）。

☐ 證明聯立方程式有助於訂定最佳定價，以及了解產品或品牌之間的競食現象。

Part 3

相互關係
類型統計法

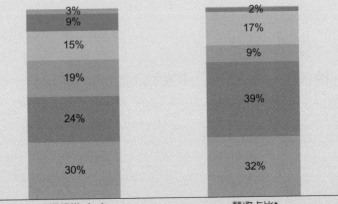

市場規模（％）　　　　　營收占比*

Chapter 9

我的（消費者）市場概況如何？

建立相互關係統計模型的方法

引言

如前所述，多變數分析一般可分為兩類：依變數類型及相互關係類型分析法。本書第一篇大多著墨於與依變數有關的分析法，包括各種迴歸（一般迴歸、邏輯迴歸、存活分析等），以及判別分析（discriminate analysis）、聯合分析。

依變數類型分析法關注的重點，在於依變數受自變數影響的程度。例如：價格對銷量有何影響，其中後者為依變數（我們試圖理解或解釋的目標），前者為自變數，而在我們的假設中，依變數的變化取決於自變數。

相互關係類型分析法的切入點截然不同。舉凡因素分析、市場區隔、多維尺度分析（multi-dimensional scaling）都屬於這類方法。相互關係類型分析技術的目標，在於理解變數（價格、產品購買、廣告開銷等）之間的互動情形（即相互關係）。

還記得之前我們使用因素分析修正迴歸分析的共線性嗎？其原理是提取自變數的變異量，使各因素（其中包含變數）彼此之間毫無關聯，也就是說，自變數之間一旦建構起相互關係，就會形成因素。

本章將大篇幅介紹一種著眼於相互關係的分析法：市場區隔。這不僅與行銷領域息息相關，其重要性更是不在話下。

市場區隔簡介

本章旨在詳細說明幾種運用市場區隔的策略，並解釋市場區隔的必要性。下一章會深入探討更多分析方法，並展示市場區隔的成果。

市場區隔時常是業界最具規模的分析專案，其能提供的策略洞見或許還比其他分析技術更多。而且，這個方法樂趣無窮！

「市場區隔」和「區隔市場」各是什麼？

在定義上，市場區隔是一種分類程序，一種將整體（市場）區分成部分（子市場）的方法。這也可以稱為「集群分析」（clustering）或「市場分割」（partitioning）。因此，一個區隔市場（集群）就是市場（或消費者市場、資料庫等）的一個子集。

> **市場區隔**：行銷策略中，一種將母體劃分成類似子市場的方法，目的是為了更適切地選擇目標市場。

一般而言，區隔市場（segment）的定義是「組內同質，組間異質」。換言之，要是某一區隔市場的所有成員（假設是消費者）之間極其相似，但與其他區隔市場的所有成員間截然不同，此市場區隔工作即告成功。同質是指「相同」，異質則為「不同」。

我們可以使用相當先進的統計演算法，或是簡單明瞭的商業準則，達到區隔市場的目的。下一章會提到幾個執行市場區隔的統計技術。需要一提的是，這裡所謂的商業準則可以單純只是「將資料庫分成四個部分：最常使用、正常使用、不常使用、從未使用我們的產品」。不少公司都曾運用這種管理方法，甚至持續至今。

RFM模型（最近一次消費、頻率、消費金額）是另一個簡單易懂的商業準則，亦即根據三種指標（消費者最近購買的時間、消費者的購買頻率，以及消費者實際花費的金額），把資料庫分類成十分位數等形式。就市場區隔而言，許多企業最多只做到這種程度，不過這些企業肯定不是行銷公司，因為RFM模型這類方法是從財務（而非消費者）觀點切入研究。總之，所謂區隔市場是指：一個實體的所有成員（在某一定義下）具有極其相似的特徵。

▌為何需要區隔市場？
市場區隔的策略運用

那麼，為什麼需要大費周章地區隔市場呢？市場區隔有三種典型使用案例：尋找類似成員、提升模型效果，以及最重要的一點，對各個區隔市場對症下藥，施以不同的行銷策略。

找出同質成員，是統計分析法中的寶貴技巧。諸如找到所有「相似」的個體，探究其彼此的滿意度落差，或是依循某條件找出所有「同質」個體，深入了解彼此對產品的使用差異。

電信通訊的客戶流失率（損耗率）就是一個簡單的例子。我們想了解客戶琵琶別抱的動機，釐清哪些行為可視為客戶流失的徵兆。對此，我們需要執行市場區隔，辨識每個區隔市場中，消費者在攸關公司獲利的層面上（產品、使用情形、人口統計、管道偏好等）有哪些相同特質，並觀察不同區隔市場的客戶流失率。要注意的是，並非所有區隔市場的流失率都會保持一致，這是我們試圖理解的變數。因此，我們必須謹慎控制多項影響因素（單一區隔市場中的所有成員盡量相似），在去除其他所有顯著變數後，才能看出流失率的高低差異。

另一種應用方法（相對比較精密細膩）是利用市場區隔提升模型成效。延續前述客戶流失率的例子，假設我們已完成市場區隔，希望能從中預測流失率。我們針對各個區隔市場分別跑完迴歸分析，發現不同自變數對流失率的影響不盡相同。比起將單一（平均）模型套用至整個母體而省略市場區隔的步驟，市場區隔會精準許多（且容易轉化為實際行動）。

我們的方法主要著眼於客戶流失的各種原因，例如：某個區隔市場可能因為講電話的頻率下降，而導致客戶流失；某個區隔市場可能是費率方案造成客戶出走；還有區隔市場對帳單的變化很敏感，極在意通話量、通話分鐘數及傳輸數據量的計價方式。因此，每個模型都會善用這些差異，效果會比傳統方式精確許多。模型愈精準，獲得的洞見愈有價值；對實際情況愈了解，對抗各區隔市場流失客戶的問題時，可採取的策略也愈顯而易見。

從行銷的觀點來看，區隔市場的原因其實很簡單：每個人都不一樣，每個消費者也不一定相同，因此策略無法一體適用。

我想趁此機會，提供看待「市場區隔」的另一種觀點。市場

區隔使用的是行銷概念，亦即消費者至上，所以策略主要是消費者導向。要注意的是，RFM模型這類演算法是從企業的（財務）觀點出發，其使用的要素都是對企業很重要的指標。RFM模型的重點在於根據財務觀點（請參見第十章的重點聚焦「為何不能自滿於RFM模型？」），設計價值分級。

既然行銷上的市場區隔應從消費者的角度出發，為何還需要區隔市場？換個方式說，「一體適用」的概念該如何在以消費者為導向的前提下運用？

體認到不同消費者在意的要素不同，會是一切的基礎。這方面的差異會帶給他們不一樣的動機，進而促使他們產生不同的行為模式。

我們必須用心釐清每個行為區隔之所以自成一組的原因（下一章會解說確切的分析方法），也就是擬定策略，找出消費者在意的不同要素和動機差異，並善加利用。

有的區隔市場對價格敏感，有的不敏感；有的區隔市場偏好特定管道（例如網路），有的喜歡其他消費方式（例如一般通路）。某些區隔市場的X產品滲透率高，某些則是Y產品較為普遍。區隔市場間的行銷媒介（例如風格、影像呈現、訊息文案等）也不盡相同。值得注意的是，這種分析法的涉入程度，遠遠勝過簡單的商業準則分類。

這裡的行銷概念很簡單。如果某個區隔市場對價格敏感，就應該為該市場的消費者提供折扣或更划算的優惠，以將他們消費的機率提升至最高（他們的需求曲線具有彈性）。反觀對價格不敏感的區隔市場（消費者忠誠度高、經濟條件佳、沒有替代品等），則不應給予折扣，因為該市場的消費者不會為了優惠而購

買商品。

我知道，這些因素都會讓分析更為複雜，但請注意，消費者行為本來就很複雜。行為會牽涉自然動機及多種層面的因素，有時甚至不理性（還記得丹·艾瑞利〔Dan Ariely〕的著作《誰說人是理性的！》（*Predictably Irrational*）嗎？）。

如果了解消費者行為的目的是要行銷，又要以消費者為核心，那麼你需要一個複雜而精密的解決方案才行，簡單的辦法必定行不通，就像我們把立體的地球儀攤開放在平面上，一點意義也沒有。格陵蘭的形狀瞬間走樣，整個世界看起來完全不對勁。過於精簡的方法通常會產生不正確的結果，就像以單變量的方式試圖解決多變量的問題，只會得出錯誤結論。

若是企管碩士課程（似乎需要做個簡報），建議應熟悉市場區隔的以下優點：

- **市場調查**：了解「原因」。市場區隔可解釋行為背後的理由。
- **行銷策略**：依產品、價格、促銷和地點鎖定客群。策略是指依照區隔市場間的差異，妥善運用行銷組合工具。
- **行銷傳播**：發送訊息及定位。有些區隔市場需要交易形式的宣傳文案，有些則需側重於建立關係，不能一體適用。
- **市場經濟**：不完美的競爭會孕育出價格制定者。只要有企業鎖定合適的產品加以宣傳，在合適的時間、透過合適的管道，向最有需要的客群提出合適的價格，自然會形成相當誘人的條件，賦予該企業幾近壟斷的優勢。

策略行銷四P

市場區隔是策略行銷程序的一部分，該程序統稱為「策略行銷四P」，這是菲利普・科特勒（Philip Kotler）所創的一種說法。科特勒大概是全世界公認的行銷大師，尤其他將行銷另立學門，與經濟學和心理學分庭抗禮。他寫了不少教科書，包括《行銷管理學》（*Marketing Management*, 1967）目前已出版到第14版，數十年來，這本書堪稱所有行銷教育的重要支柱。

行銷人員大多熟悉戰術行銷（tactical marketing）四P：產品、價格、促銷和地點；這四項時常合稱為「行銷組合」。但在實際運用這些工具之前，應先根據策略行銷四P擬定行銷策略。

劃分市場（Partition）

第一步，利用（行為）區隔演算法劃分市場，將市場區分成多個子市場。也就是，務必認清策略無法一體適用的事實，體認各個區隔市場都需要不同策略，才能將「營收／獲利」或「滿意度／忠誠度」拉升至最高水準。

調查需求（Probe）

第二步通常是處理其他資料。這些資料時常取自市場研究，調查市場對品牌的觀感、市場中的競爭廠商，以及市場的消費和購買行為等。有時，這也可能是人口統計的疊合資料，要是其中含有生活方式的相關資訊，尤其珍貴。最後，這類用於調查市場需求的資料，也有可能是資料庫本身所建立的變數，通常是有關速度（消費之間的間隔時間）、產品滲透比例（多少百分比

的消費者購買 X 類別、多少百分比的消費者購買 Y 類別，以此類推）、季節性、消費者信心、通貨膨脹等。

確立優先順序（Prioritize）

此步驟主要是對區隔市場執行財務分析。哪些市場最賺錢？哪些市場成長最快？哪些市場需要更用心經營？哪些市場的服務成本最高？諸如此類。此步驟的目的之一，是要找出停止行銷的地方，亦即區隔市場不值得投入心力經營，就該停損止血。

釐清定位（Position）

到了定位階段，即需使用前述步驟得到的所有洞見，轉化成合適的文案訊息、外觀設計、質感及風格。藉由這項步驟，我們可以根據各區隔市場的確切特色（例如對某因素特別敏感），設計渲染力強的文案。這種行銷傳播方式時常稱為行銷企畫，等於是戰術行銷四 P 的全面整合。

市場區隔策略化為實際行動的條件

我始終認為，以下各原則可引導市場區隔專案得出容易付諸行動的結果。這些原則很有可能也是菲利普·科特勒的心血結晶（如同現代行銷領域中，大部分重要、正確的概念都是出自於他一樣）。

- **可區別性（Identifiability）**：各區隔市場必須表徵明確，策略才能轉化成實際行動。將資料庫分類，替每個消費者標上其歸屬於各區隔市場的機率，是很常見的作法。
- **足量性（Substantiality）**：每個區隔市場都必須夠大，行銷工作才有意義。因此，獨特性與規模之間必須取得平衡。
- **可接近性（Accessibility）**：區隔市場中的成員不僅需要容易分辨，還要容易接觸。換句話說，必須有辦法與其聯繫，才能對其行銷。我們通常會動用各種聯絡方式、電子郵件、DM、簡訊等，來達成這個目的。
- **穩定性（Stability）**：每一個成員所隸屬的區隔市場不能劇烈變化。定義區隔市場的條件必須保持穩定，行銷策略才能長期預測。市場區隔的假設之一，就是各市場的需求不會在可預見的未來發生大幅變化，甚或技術方面也不會急遽改變。
- **回應性（Responsiveness）**：區隔市場必須要能有所回應，才值得行銷人員採取實際行動。如果行銷企畫與區隔市場的特徵能夠契合，這個目標通常很容易達成。

▋需要事先判斷嗎？

本書是專為從業人員而寫的行銷科學指南，因此我提倡使用統計分析執行市場區隔，應該並不意外。然而實務上，（由上而下的）命令有時反而才是定義市場的關鍵。這些管理命令往往會根據管理階層的判斷（先驗）來定義市場，而非仰賴分析方法。一般來說，管理階層定義市場的決斷條件，通常包括使用率、獲利、滿意度、規模、成長情形等。從分析的角度來看，這就是以單變量方法解決多變量問題的一個例子。

我認為，管理階層人士的判斷有其價值，但**不可**視為區隔市場的唯一標準。等到市場區隔出來後，才應該導入管理判斷，確認市場區隔的結果是否合理，以及各市場是否值得進一步採取具體措施。

▋流程概念說明

選定（行銷／消費者）策略

依消費者行為區隔市場的首要步驟，一般都會以策略為依歸。企業確立目標後，需先擬定策略以利達成目標。市場區隔的結果終究要付諸實行，而這一切應該以主事者、企業負責人或股東的方向為方向。

分析師需先認清一個事實：市場區隔的背後沒有策略支撐，就像一副沒有骨架的軀殼。策略是一切的根基。若策略從淨利或

市占率的角度切入，其分別產生的市場區隔結果勢必截然不同。

研議策略時，務必以消費者行為至上。消費者抱持何種思維？我們想了解哪一種行為？我們打算投入什麼誘因？好的市場區隔結果，應該與消費者行為和行銷策略緊密連結。記住，行銷永遠是以消費者為中心。

收集適當的（行為）資料

分析工作的下一個步驟是收集合適的（行為）資料，這通常會牽涉到交易（消費）及對行銷傳播的回應。

這裡先談談何謂「行為資料」。我認知中的消費者行為（你不同意也沒關係）可以視覺化成四個階層（請參見圖9.1）：核心

圖9.1：消費者行為層級

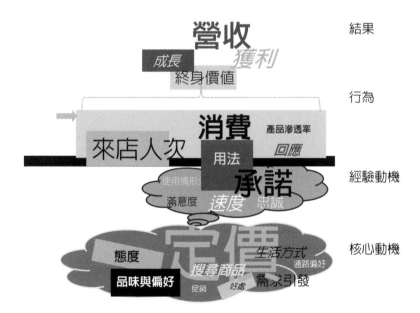

動機、經驗動機、行為和結果。

　　行為（一般是消費交易及對行銷媒介的回應）造成結果（通常是財務方面），而行為則是由一或兩種動機（核心及經驗動機）所引發。「核心動機」（評估定價、生活態度、品味和偏好等），通常屬於心理變數，並非肉眼可見。消費者不必與品牌有所互動，這些動機就會自行產生（搜尋商品、喚醒需求等）。「經驗動機」通常是與產品經過互動後的產物，也是觸發其他行為的另一種因子，最終導致（財務）結果。這類動機包括忠誠度、承諾、滿意度等。注意，「承諾」是一種經驗動機（之前曾與品牌有所接觸），並非行為。「承諾」可以量化為最近一次消費及頻率等指標，後續談到RFM模型時，我們會再補充（請參見第十章的「重點聚焦」）。

　　交易和對行銷媒介（DM、電子郵件等）的回應，通常是行為市場區隔的主要面向。很多時候，這些面向還能創造其他變數。我們想知道消費者購買商品的次數、一次會消費多少金額、買了哪些產品、購買的每種產品屬於什麼類別，諸如此類。這些問題時常衍生出寶貴的側寫變數（profiling variables）相互搭配，包括每次消費所獲得的淨利、商品銷售成本等。我們也想了解某段時間內的交易次數、銷量，以及這些交易是否使用任何折扣。

　　至於消費者對行銷媒介的回應，我們想收集的資料包括：使用的媒介（DM、電子郵件等）、開信率、點擊率、網站瀏覽次數、店面消費、使用的折扣。我們想了解行銷媒介寄送的時間，以及每次媒介主打的產品類別。文案的每種版本都要一併收集，資料庫中也必須註記優惠或促銷等活動。這些與交易和回應有關

的所有資料，就是研究消費者行爲的基礎。

　　總而言之，我們希望找到一個區隔市場是某類產品特別普遍（消費者廣泛購買），滲透率遠勝於他類產品，且能有別於其他多個區隔市場，也就是（再複習一次）有個市場明顯充斥類別X的產品，另一個則以類別Y的商品最爲常見，以此類推。另外，我們也希望找到一或多個偏愛電子郵件或線上宣傳的區隔市場，而不是DM，反之亦然。通常我們會發現對價格很敏感的區隔市場，以及毫不敏感的市場。正是這些行爲面向能給我們不同啓發，我們才能歸結出不同洞見。

建立及使用其他資料

　　我們可以建立額外的資料，而這筆資料至少可以用季節性變數的形式呈現，由此計算每次消費間隔的時間、購買各類別商品所間隔的時間、各類別商品的占比（像是育嬰產品或娛樂產品在商品總數中所占的比例），以及交易次數、銷量和營收的最高與最低紀錄。我們應該可以知道銷量以及各消費者的交易次數、使用折扣的比例、購買的前三名商品等數據。在市場區隔中，這些都是可以使用及測試的項目。

　　行銷傳播方面，應該可以得到不少與行銷媒介類型、商品方案，以及購買前時間相關的數據；應該有個商業準則可以解釋行銷宣傳和購買行爲之間的關係；應該會有變數可以呈現封面、主旨行、商品方案或促銷主打商品的類別。

　　前述這些資料都能大幅擴充行爲資料的範圍，但還是有其他資料來源。很多時候，我們會使用市場調查，而這通常可以釐清消費者的滿意度或忠誠度，幫助我們掌握競爭的替代品，或許還

能知道消費者對行銷媒介的意識與認知，或是每種行銷媒介的重要性。

　　第三方的疊合資料是很豐富的資料來源，可提供其他深入洞見，讓我們對各區隔市場的認知更為扎實。這類資料通常會是可供比對的人口統計、興趣、態度、生活型態等數據。若想了解消費者的態度或生活型態，這類資料尤其實用，不過人口統計資料也很值得探索。總之，這些額外資料的目的，都在於協助我們更深入了解區隔市場，有助於我們理解各區隔市場的思維及行事邏輯。

執行演算法

　　下一章會再深入探討演算法，但這裡可以先提幾點看法，尤其是程序方面。先提醒一下，演算法需以策略為根基，再依據策略運用（基本定義或市場區隔的）相關變數。

　　演算法是市場區隔分析的中樞，應該謹慎選擇要使用的方法。選用的演算法應該快速簡便，不可反覆無常。分析上，我們要試圖達到最大程度的區隔（市場間的差異）。

　　市場區隔的最終目標，是要針對每個區隔市場施以不同策略，因此每個區隔市場之所以會**自成一格**，都要有不同理由。演算法必須能提供診斷結果，使分析臻至理想，而成功與否的普遍標準，就是「組內同質，組間異質」。統計分析系統提供了許多這類指標（進入SAS程式後，選擇「proc discrim」，並使用「the logarithm of the determinant of the covariance matrix」〔對共變異數矩陣的行列式值取對數〕做為成功標準）。到了側寫階段，各個區隔市場應該就能清楚區別。

爲了順利進行，我先說明理想的演算法應具備哪些條件。演算法必須能處理多個自變數和依變數，且以機率形式呈現。之所以能涵蓋多個自變數和依變數，是因爲消費者行爲很有可能需要藉助多個變數才足以解釋，而且變數會同時影響消費者行爲，彼此也會有交互作用；演算法的機率性質，則呼應消費者行爲的發生機率。消費者行爲有其分布，而且有時候，這些行爲甚至一點也不理性。欲掌握這一切並不容易！

結果側寫

欲展示各區隔市場，並證明彼此之間已有效區隔，需要用到的技術稱爲「側寫」（profiling）。一般而言，這可顯示各重要變數（尤其是交易次數和對行銷媒介的回應）的平均數或頻率，快速衡量每個區隔市場的差異。注意，區隔市場之間的差異愈大，（對各區隔市場實施的）策略會愈明顯。

依區隔市場顯示關鍵績效指標（KPI）平均數的方法很常見，但很多時候，其他指標更能展現差異。使用比率的話，時常可以更快突顯差異，亦即將各區隔市場的平均數除以整體平均數。舉例來說，區隔市場A的平均營收爲1,500，區隔市場B的平均爲750，總平均（整體市場總計）爲1,000。將區隔市場A的平均數除以整體平均數1,500／1,000＝1.5，也就是說，區隔市場A的營收比總平均多50%。相較之下，區隔市場B爲750／1,000＝0.75，表示該區隔市場對營收的貢獻比總平均少25%。依區隔市場對所有數據算出比率，很快就能看出其中落差，尤其是差異甚小的情況特別明顯。

再舉個例子，區隔市場A的回應率是1.9%，整體回應率爲

1.5%。雖然兩者（單一區隔市場和整體）表面上只相差0.4%，但換算成比率的話就是1.9%／1.5%，亦即區隔市場A比總平均大27%。我們之所以喜歡（也應該）選用比率，原因在此。

雖然看見各區隔市場之間的龐大差異已夠令人滿意，但側寫最饒富趣味的地方往往在於**命名**每個區隔市場。開始之前，請先體認一點：為區隔市場命名有助於區分各市場，區隔的市場愈多，命名愈顯得重要。

關於命名這檔事，我有幾個建議，請視情況斟酌使用。有時候，命名工作會分派給創意部門負責，這沒關係，但通常是分析師必須提供名稱。

可以的話，名稱最好不要太冗長，而且應該比「高營收市場」或「低回應率市場」之類的名稱，傳達更多實用資訊。名稱應該融合兩至三個類似面向。你可以著重消費者對行銷媒介的回應，或著墨於一、兩個策略面向（高成長、服務成本、淨利等）。雖然取個有趣的名字很吸引人，但名稱還是要有實用價值才行。取個「波西米亞混搭風」的名稱縱使趣味橫生，但在策略或行銷方面究竟代表什麼意思？他人通常不得而知。

建立資料庫樣本評分模型

完成樣本的市場區隔之後，下一步要幫資料庫評分，為每一個消費者決定其隸屬各區隔市場的機率。「判別分析」可以輕鬆完成這項任務。（在SAS程式）中對樣本套用proc discrim指令，就能得到方程式，依各消費者劃入各區隔市場的機率予以評分（一旦定義好類別〔區隔市場〕，就能在方程式中放入合適的變數，預測消費者所屬的類別〔區隔市場〕，這是很常見的作

法）。接著，就能對資料庫跑方程式了。

如果夠準確的話（不論「夠準確」的定義爲何），就能開始執行方程式了。但問題在於，執行proc discrim指令的結果有時**不夠**準確。我認爲，這是因爲對各區隔市場採用了相同變數（雖然權重不一樣）的緣故。如此一來，效率可能就會連帶受到影響。本質上，proc discrim指令也假設區隔市場的變異數相同，但這不太符合現實，所以或許還是需要求助其他方法。

我時常選用邏輯迴歸，以不同方程式幫各區隔市場評分。也就是說，如果有五個市場，第一個羅吉斯迴歸分析會使用二元依變數：若消費者屬於市場A，就標示1，反之則爲0。第二個羅吉斯迴歸分析也比照辦理：若消費者屬於市場B，就標示1，反之爲0。接著，我會放入變數，將每個區隔市場的機率調至最大，再移除不顯著的變數，然後對所有消費者跑完所有方程式。這樣一來，每個消費者對各區隔市場都會有一組機率，最高者即代表消費者所屬的區隔市場。

在測試中改進

最後一步通常是制定測試與改進計畫。這通常會以廣泛測試爲目的來設計，目標是找到有利於產生結果的元素，只要從市場區隔中尋取洞見，通常就能輕鬆達成。

有關試驗設計（DOE），我們留待第十一章再討論。這裡的大致概念是要研擬測試計畫，以發揮市場區隔的最大效益。測試的首要步驟通常是挑選或選擇目標，亦即從高獲利、重度使用商品的區隔市場中，擷取一個可能的樣本，向其寄送行銷郵件，接著對照條件一般的控制組，比較營收和回應情形。這種超越平均

水準的區隔市場，理應會表現特別突出，測試結果應該遠勝於一般基準（BAU）控制組。

正常來說，下一步驟（取決於策略等因素）可能會是促銷測試。這通常會搭配不同區隔市場的彈性模型。我們時常發現各區隔市場對價格的敏感程度不一，這裡的測試，就是要透過提供促銷優惠，確認對價格不敏感的區隔市場在面對較低折扣時，消費者是否仍會購買，亦即企業不需犧牲獲利，也能獲得同樣的消費金額。

其他常用測試大抵圍繞產品類別、通路偏好和訊息等因素。完整的多重因子設計可以直接產生豐富洞見，就能適切地使用行銷媒介。一般而言，如果某個市場中，產品X的滲透率極高，就寄送該產品的行銷訊息給消費者；若市場比較偏愛產品Y（相較於產品X），則可先利用測試，尋找提供誘因的適當方式，以開拓消費者的採購類別。下一章會詳細示範這些測試。

從眾人之中脫穎而出的必要條件

☐ 指出市場區隔是一種策略舉措,並非分析。

☐ 記住市場區隔概念大多用於行銷。

☐ 說服他人相信,市場區隔探究的是對消費者重要的因素,而非企業。

☐ 記得市場區隔可為市場研究、行銷策略、行銷傳播和市場經濟等方面提供洞見。

☐ 說明策略行銷四P:劃分市場、調查需求、確立優先順序、釐清定位。

☐ 堅信RFM模型是一種企業面向的服務,而非消費者導向。

☐ 務必釐清每個區隔市場自成一格的原因。每個區隔市場都應有不同的策略,否則劃分為區隔市場將無意義。

Chapter 10

市場區隔
相關工具與方法

▋概述

前一章主要是從通則及策略的角度，大致說明市場區隔，本章會側重於分析面向，這是市場區隔的核心。分析可說是成就一切的樞紐。

就市場區隔的分析而言，有幾本書值得參考，包括詹姆士‧麥爾斯（James Myers）的《戰略市場決策的區隔與定位》（*Segmentation and Positioning for Strategic Marketing Decisions*, 1996）、麥可‧溫德（Michel Wedel）和瓦格納‧卡馬庫拉（Wagner Kamakura）合著的《市場區隔》（*Market Segmentation*, 1998），以及理查‧巴戈齊（Richard P. Bagozzi）編撰的《市場調查進階研究方法》（*Advanced Methods of Marketing Research*, 1994），尤其是〈以CHAID方法建立市場區隔模型〉和〈市場調查的集群分析〉等章節。另外，也可參閱「統計創新」（Statistical Innovations）網站上傑‧麥迪遜（Jay Magdison, 2002）的研究論文，網址為：www.statisticalinnovations.com。

▋市場區隔的成功指標

如前所述，判定市場區隔是否成功的通用標準為「組內同質，組間異質」。有好幾種方法可以將此目標量化。一般而言，我們會從區隔市場內取出一定比例的成員（比例愈小愈好），與不在此區域市場內的其他所有成員相互比較。這能幫助我們比較將市場區隔成三個及四個子市場的作法，或是比較同樣涵蓋四

個區隔市場，但分別使用變數 a 至 f，以及變數 d 至 j 的不同區隔法。SAS 程式中，proc discrim 指令提供「對共變異數矩陣的行列式值取對數」（log of the determinant of the covariant matrix）功能。雖然這串名稱取得差強人意，但它的確是比較區隔結果的理想指標。

▌一般分析方法

商業準則

以商業準則區隔市場或許還是有其用武之地。如果資料稀少匱乏，或是探討的維度太少，從分析的角度切入市場區隔就不太有意義，因為演算法無從著力。

我要（再次）提醒各位避免受管理階層的命令干預。我遇過主管全心投入市場區隔工作，他們要我照指示定義各個區隔市場。基本上，這是錯誤的作法。我並非要大家完全無視上司對市場和消費的認知或直覺，但建議先從頭到尾完成整個市場區隔程序、親自分析，看看會得到什麼結果。

分析結果通常會比管理階層的判斷更值得相信，原因在於後者的看法大多只圍繞一至兩個（最多三個）維度，而且相當主觀。相較之下，分析結果可呈現變數的最佳狀態，區隔成果在數學上也「最為理想」。人類的直覺不太可能勝過統計演算法，甚至可以說，要是分析結果與管理階層的看法大相逕庭，往往表示後者有必要多認識市場現況。統計演算法有助於學習。管理階層

最有可能針對產品使用度（高、中、低）、滿意度、淨利等方面下指示，但這麼做不需要 / 不允許我們進一步探究結果背後的**原因**，也不需了解消費者行為。

RFM模型（最近一次消費、頻率、消費金額）如此難以拿捏，原因就在這裡。這是一種商業準則，以資料爲基礎且有效，相當吸引人。只是，最終會形同（典型財務）管理階層的觀點，無法促使人願意深入探討。行銷策略會大打折扣，最終只不過是設法將較低價值的層級成員，「驅趕」到價值較高的層級。

若想從管理職務（而非分析）的角度完整了解市場區隔，建議可參閱阿特・溫斯坦（Art Weinstein）的著作《市場區隔》（*Market Segmentation*, 1994），書中會以商業準則爲根基，深入淺出地探討市場區隔。

卡方自動交互作用偵測

卡方自動交互作用偵測（chi-squared automatic interaction detection, CHAID）是自動交互偵測（automatic interaction detection, AID）的加強版。嚴格來說，卡方自動交互作用偵測是一種依變數類型的分析法，**並非**探討相互關係的技術。這裡會提到它，是因爲它常用於市場區隔。

這會產生第一個問題：「市場區隔要使用依變數類型的分析法嗎？」我的答案是：「其實並不適合。」依變數分析法旨在理解（預測）導致依變數發生變化的成因。定義上，市場區隔的目的並非解釋某個依變數的變動情形。

即便如此，這個方法如何運作呢？雖然其中涉及許多變異量，但一般的流程如下：卡方自動交互作用偵測會挑選依變數，

接著檢視自變數，找出「區分」依變數效果最佳的自變數。所謂效果「最佳」，是根據卡方檢測（chisquared test）的結果而論。（自動交互偵測是依據F檢定的結果而定，也就是已解釋變異量與未解釋變異量的比值，且通常是〔模型中〕用來證明模型優於隨機方法的門檻。）接著，此方法會鎖定一個（第二層）變數，對剩下的自變數加以檢測，找出最能區分第二層變數的自變數。反覆這樣的程序，直到達到指定的階層數，或收斂情形不再有所改善為止。

　　以下提供一個簡單範例，請參照圖10.1。產品營收是依變數，做完卡方自動交互作用偵測後，我們發現最理想的區分項是收入。於是，收入分成兩組：高收入和低收入。下一個最佳變數是回應率，而各收入等級分別有兩種不同回應率。高收入組中，區別標準是回應率大於9%，以及回應率大於6%且小於9%；低收入組則可分為小於2%，以及大於 2%且小於6%。因此，這個簡化的範例有四個區隔市場，分別是高收入高回應率、高收入中

圖10.1：卡方自動交互作用偵測分析結果

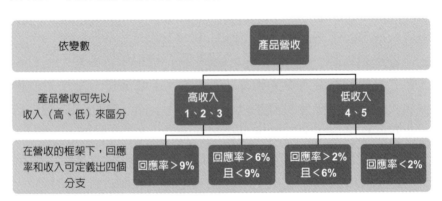

等回應率、低收入中等回應率，以及低收入低回應率。

卡方自動交互作用偵測的優點是簡單易用、容易解釋，並有一目了然的視覺化圖示，可以輕鬆解釋結果。

然而，缺點不少。首先，這不是統計或數學上所謂的模型，充其量只能說是一種啟發法（heuristic）或指導方針。換言之，這樣的分析容易不穩定，不同樣本可能產生天差地遠的結果。沒有係數可以判斷分析顯著與否，單從變數看不出任何徵兆（正負關係），而且沒有真正的適合度衡量標準。

卡方自動交互作用偵測相當簡單易上手，因此很多人使用，但我不建議用於市場區隔。此方法最適合資料探索（data exploration），但要小心過度仰賴而忘了動腦。

我記得有個助理被分配到建立迴歸模型的工作。她的電腦上裝有卡方自動交互作用偵測，所以她跑了所有項目，得到好幾頁樹狀圖。過了一會兒，我問她進度如何，但她還埋首於一堆資料中試圖理出頭緒。

看著資料中上百個變數，她坦承自己完全不清楚變數的因果關係。她表示，對於可能導致或解釋依變數變化的變數一無所知，因此需要先利用卡方自動交互作用偵測挖掘資料。

我告訴她，要是她（一名分析師）完全不清楚哪些因素可能造成或解釋依變數（此例中是銷售額）的改變情形，那麼她或許不適合處理模型。分析師**必須**對資料的產生流程有點概念，且**必須**稍微了解「前因後果」，例如價格改變會造成需求變動。

總之，卡方自動交互作用偵測可以協助設計結構，但無法解釋因果關係。

階層式集群分析法

　　階層式集群分析法（hierarchical clustering）就是一種相互關係類型的分析技術。此方法也能以圖像方式展示，但**不像**卡方自動交互作用偵測那麼吸引人。

　　階層式集群分析法可計算「接近度指數」，這是透過某些相互關係變數求得的一種相似性指標。這有多種計算方式，但其概念就是：根據某些類似變數，某些觀察項（例如消費者）會顯得「彼此相近」。接著可產生樹狀圖（水平樹狀結構），此時分析師即可選擇如何劃分圖表。請參見圖10.2。

　　例如，觀察項34和56劃分在一起（因為兩者很像），接著與觀察項111分為同一組。現在，這個集群已有三個觀察項。觀察項愈多，樹狀圖的實用程度會隨著遞減。此方法的缺點之一，就是分析師必須（武斷地）決定集群的大小。也就是說，最終還是得由分析師決定最後集群應包含多少以及哪些觀察項。而這裡所謂的武斷是指憑直覺做出決定，終究**不是**根據客觀分析。

　　階層式集群分析法的優點之一，是可以利用其他任一觀察項為基準，計算各個觀察項的距離，所以一開始的「種子」在數學上即已具備獨特意義。此方法最常見的用途，是將初始種子輸入其他演算法，進一步產生結果。建議可參閱詹姆士‧麥爾斯的市場區隔專書（1996），書中對階層式集群分析法有相當完整的概念說明。

K平均演算法

　　K平均演算法（K-means clustering）大概是最熱門的市場區隔（分析）技術了。SAS程式（使用proc fastclus）和SPSS程式

圖10.2：階層式集群分析法（樹狀圖）

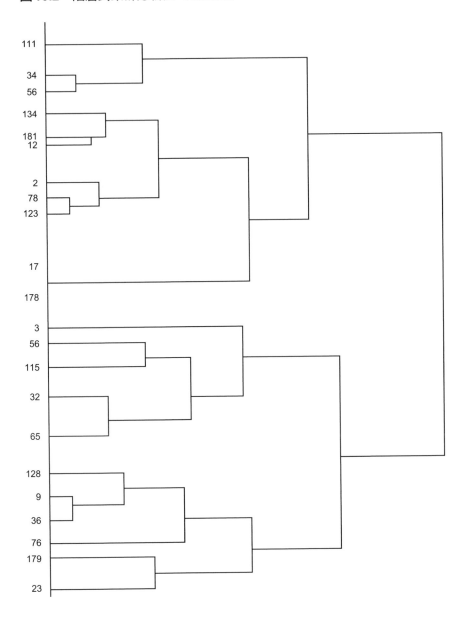

（使用劃分功能）都有相當強大的演算法，可以執行K平均分群演算。這個方法很簡單，很容易理解和解釋，且結果很令人信服。這是很有效的辦法，問世至今已超過五十年。

K平均演算法是動物學家於1960年代所發明，原本的目的是爲了將動物分類成不同「門」。早期，此演算法是由佛吉（EW Forgy）、傑奈西（RC Jancey）和安德伯格（Anderberg）等人在1960年代聯手設計，但直到1967年，詹姆士・麥昆（James MacQueen）才發明了"K-means"一詞。所謂K-means，K代表集群數，核心則是集群的平均數。一開始，這些動物學家試著根據動物（確切來說是蝴蝶）的特性，決定其屬於哪個門。他們的目標是建立一套分類學演算法。

一般而言，此演算法的程序如下（如同其他技術一樣，這也有不同版本）：

1. 事前準備：決定集群數、選擇「最大距離」，以定義集群的隸屬條件，並選擇要使用的集群變數。
2. 在所有集群變數群聚之處，找出第一個足以代表的觀察項，稱此爲集群1。
3. 在另一個集群變數密集處挑出第二個觀察項，檢測其與第一個觀察項的距離。如果夠遠，即稱此爲集群2。
4. 在下一個集群變數聚集處挑選下一個觀察項，檢測其與第一個和第二個觀察項（集群）的距離。如果夠遠，則稱此爲集群3。反覆步驟2至步驟4，直到達到預設的集群數爲止。
5. 找到下一個觀察項，測試找出最近的集群，並將此觀察項納入該集群。

6. 繼續步驟 5，將足以代表集群變數的所有觀察項劃分成不同集群。

　　這種演算法有幾項優點。除了快速，還能處理大量資料。這種方法有效，的確可達成某種程度的區隔。

　　不過，缺點也不少。此方法中，分析師必須武斷地決定一切，我個人很**討厭**這一點。如上所述，分析師必須決定演算法需組成多少集群（好像分析師原本就應該知道一樣），但其實他們據以判斷這項重要條件的（分析）基礎相當薄弱。再者，分析師必須決定演算法以哪些變數定義集群。同樣的問題，前提是他們必須先知道總共有多少集群。這是相當重要的決定，因為所有集群都需**取決於**這個武斷的決定。

　　K平均演算法的另一個缺點，在於其缺乏衡量適合度的診斷方法，也無從評估預測成效，無從確定將觀察項（消費者）歸類於各區隔市場的適切程度。原因是，此方法主要根據歐式距離（Euclidean distance）的平方根：

$$\sqrt{\frac{X2 - X1}{Y2 - Y1}}$$

　　而每個觀察項都隸屬「距離最近」的區隔市場；完全沒有機率元素可言。假設有個新消費者從未留下任何消費紀錄，或他的消費行為非比尋常，這名消費者可能不會展現真實的市場行為，但無論如何，他還是會被歸類在某個（並非真正合適的）區隔市場。

　　由於前述武斷的決定（加上K平均演算法並未提供任何診

斷機制，可協助分析師判斷），集群專案到頭來大多只有一個下場：分析師不斷產出解決方案，從四個、五個、六個，乃至七個、八個集群的情況，都各得出一個結果。分析師會輪番使用變數1至5、變數5至10，接著是變數10至12，以此類推。

由於沒有真正的診斷機制可供輔助，因此分析師會產出大量研究報告，並將這一大疊資料交給同事和最後運用市場區隔結果的小組。基本上，他們只能兩手一攤說：「你們覺得怎樣？這裡有二十種分析結果，你們看看哪一個最好？」這種情形下，或許會有人選出一個自認為最適合的版本，而且通常是從策略面判斷。說到這裡，你看出這個方法的主觀成分了嗎？

以上面的演算法為例，如果資料集的順序不同，K平均演算法的分析結果也會改變，這是另一個很明顯的缺點。有些演算法會企圖改善這點，方法是隨機選擇觀察項做為初始值，而非從上到下依序進行。這種作法有好一點，但問題還是沒有解決。只要重新排序或重新建立演算法（集群數和變數保持不變），產生的結果就會（極度）不同。所有從事分析工作的人都應該意識到這其中的問題。

K平均演算法的最後一個問題是，此方法並非最佳化取向的演算法，其目的並非試圖最大化或最小化任何因素，基本上也沒有任何控制目標。

綜合以上所述，若是要將市場區隔的結果化為實際策略，我不認為K平均演算法是值得考慮的選項。這種演算法太過武斷，其分析結果過於主觀，我想大多數稱職的分析師都會避之惟恐不及。

潛在類別分析

　　潛在類別分析（latent class analysis, LCA）可以大幅改善前述缺失，堪稱目前最先進的市場區隔技術。對我來說，執行此分析最棒的軟體是統計創新網站提供的 Latent Gold。傑・麥迪遜是這方面的專家，至今對此主題寫了幾篇很精采的文章，尤其別錯過〈對潛在類別模型的非技術性介紹〉（*A nontechnical introduction to latent class models*, 2002）和〈用於聚類的潛在類別模型：與 K 平均值的比較〉（*Latent class models for clustering: a comparison with K-means*, 2002）。

　　潛在類別分析採取的角度與市場區隔截然不同。K 平均演算法是以變數定義區隔市場，潛在類別分析則會假設變數得到的分數是由（隱藏的）區隔市場所決定。也就是說，潛在類別分析會先假定一個潛在的（類別）變數（區隔市場的成員），而此變數可最大化變數獲得分數的機率。

　　接著，潛在類別分析會跑一次整體分類，產生各觀察項隸屬各區隔市場的機率。機率最高的區隔市場，即為觀察項歸屬的區隔市場。由此可知，潛在類別分析是一種統計技術，而非數學性質的分析法（例如階層式分析或 K 平均演算法）。

　　潛在類別分析有幾項缺點。SAS 程式無法執行這項分析，至少無法以 proc 指令來執行；SPSS 程式也一樣，你必須買一套特殊軟體才行。統計創新網站研發了 Latent Gold 程式，自此成了「黃金」標準（發現命名的奧妙了嗎？）。另外，使用潛在類別分析前，需先接受相關訓練及累積專業知識，幸好 Latent Gold 程式提供許多選單，相當容易使用。就像燈泡一樣，我們不必了解裡面精密的結構細節，一樣會使用。雖然實際使用前有必要接受

一點訓練，但最後的成果會很值得。

之前隱約提過潛在類別分析的優點，此處再清楚重複一次：潛在類別分析有**很多**優點（請參見表10.1）。市場區隔的用途終究是要轉化為實際策略。各區隔市場之間的差異愈鮮明，對各區隔市場所實施的策略就愈顯而易見。

不過，潛在類別分析在分析方面的確有幾項重要優點，尤其Latent Gold程式清楚呈現演算法的方式，不容小覷。首先，潛在類別分析可告訴你區隔市場最理想的數目。你不必盲目臆測。潛在類別分析使用貝氏資訊準則（Bayes Information Criterion, BIC）、－LL（負對數概似值）及錯誤率，為你提供診斷結果，在變數分數和資料集的基礎上，指出「最理想」的區隔市場數。

再者，潛在類別分析可指出市場區隔解決方案中的顯著變數。同樣地，你不必盲目猜測。只要變數的 R^2 小於10%，即可視為不顯著。

除此之外，潛在類別分析還能針對各觀察項隸屬各區隔市場的機率給予評分。如果1號觀察項歸於區隔市場#1的機率是

表10.1：市場區隔演算法比較

	RFM模型	卡方自動交互作用偵測（CHAID）	K平均演算法（K-means）	潛在類別分析（LCA）
多自變數	XX	XX	XX	XX
以消費者為核心				XX
多依變數			XX	XX
具機率特性				XX

95%，屬於區隔市場#2的機率爲5%，應該將其歸類在哪個市場？相信答案已經呼之欲出：1號觀察項展現了隸屬於區隔市場#1的強烈傾向。那2號觀察項呢？此觀察項劃入區隔市場#1的機率是55%，屬於區隔市場#2的機率爲45%，並未顯現相當強烈的市場行爲，無法果斷放進任一市場。若使用K平均演算法，這個觀察項可能會被指派給區隔市場#1，但潛在類別分析會提供診斷結果供你參考。

通常我們會有一些假設，像是如果觀察項對所有市場的機率都不超過70%，就不應列入分析。這類觀察項會集中到其他地方，另外處理。有鑑於行銷模型的信賴水準一般設爲95%，因此這些離群值所占的比例不應超過5%。若是理想的分析結果，離群值的比例應該更低。

這些診斷機制可讓分析過程快速俐落，我們也能更輕易得到市場區隔的結果。如前所述，區別性（distinctiveness）是理想結果的重要表徵。這不僅對分析師很重要，對策略人員更是無比珍貴。市場區隔的結果愈有鑑別度，策略就會愈清晰明瞭。

職場實例

史考特的上司把他叫進辦公室。看見上司還在滑手機，史考特一如往常地覺得有點惱怒，所以只好環顧四周，等上司開口。

「史考特，」上司總算依依不捨地抬起頭來。「公司準備全力衝刺消費者策略。我們已經把消費電子裝置納入產品組合，現在需要更進一步往下挖掘。」

「聽起來不錯，我的團隊需要怎麼配合？」史考特問道。

「我們希望管理DM目錄的版本，並更有策略地寄送電子郵件。上一季你說的**不能一體適用**原則，所有人都記憶猶新。」上司說道。

「啊，實在很抱歉，那天喝了幾杯調酒，加上⋯⋯」史考特說道。

「不，這樣很好。公司打算推動一項消費者市場區隔專案，指名由你主導。」上司說道。

史考特倒吸一口氣。這可是大工程，雖然很有趣，但也會備受關注。「我會開始籌組團隊，著手進行。」

史考特回到自己的辦公室（他升官了），稍微擬定了工作程序，並根據消費者行為做了市場區隔。他在白板上寫下一連串步驟，接著便邀集相關人員召開多場會議。他們摩拳擦掌，準備開始這項重大專案：消費者市場區隔。

研擬策略

欲著眼於消費者行為進行市場區隔，擬定策略是第一

步。這通常會從兩方面切入：行銷策略和消費者行為。兩者不應互相衝突。

史考特召集團隊開會，由大家自由討論，不過他還是以領導者的身分，依據管理學始祖彼得‧杜拉克（Peter Drucker）的論點立下目標。彼得‧杜拉克是管理學自成獨立學科的幕後推手，他說，一門生意有沒有意義，只需要看三項指標：營收增加、消費者滿意度上升、成本下降。如果你手上的專案無法達成至少一個指標，就應該認真思考是否要繼續專案。史考特率領的團隊決定，市場區隔的目標是要增加淨利，而每個區隔市場的最終目的，則是要有效運用策略，創造交叉銷售及追加銷售的機會。這與去年全力爭取消費者的作法大相逕庭，因為他們發現，爭取新消費者的代價太大。

史考特的團隊以消費者行為假設了可能的消費者市場，其中可能有些區隔市場對價格敏感，有些市場會回應專為他們設計的行銷訊息，有些市場則是偏愛特定的消費管道，而且市場間的產品滲透度不一。對此，只要對各個市場採取不同的戰略行銷（產品、價格、促銷和地點）即可。

真正的問題在於行為。整支團隊花了很長的時間探討行為背後的成因，他們認為，有些消費者市場可能相當重視電玩遊戲和娛樂活動，或很早就接觸科技／網路，且極度仰賴這種消費模式。或者，有些市場可能較重視人際關係、比較仰賴科技成分較低的消費模式，需要有人耐心輔助他們熟悉科技產品。團隊知道，他們需要的（行為）資料，會以交易

和對行銷傳播的回應為主。

　　因此團隊認為，在提高淨利的行銷策略之下，加上這麼多不同的消費者行為市場，他們可以針對各個區隔市場實施不同策略。也就是說，比起對重度玩家消費者的策略方向，對價格敏感、不常接觸科技的消費者，需要採取截然不同的行銷傳播方式。史考特認為，團隊對這番結論感到相當振奮，且願意投入更多心力，攜手努力。

收集行為資料

　　史考特來到資料庫小組，了解目前公司有哪些資料。他們必須先定義消費者（相對於小型企業，例如獨資公司），這步驟相當直截了當。接著，他們談到了資料。

　　史考特需要行為資料，尤其是交易和消費者對行銷媒介的回應。他們談到近兩、三年的狀況。電腦產品的銷售情形呈現很明顯的季節分野（八月表現不俗，但十二月是高峰期），史考特早已知道必須將季節性納入考量。

　　交易方面，真正的癥結在於細分程度。他們決定只需要廣泛的產品類別，例如筆記型電腦、桌上型電腦和伺服器（很少消費者會買），並僅需往下細分一層，像是高階桌上型電腦和平價桌上型電腦。此外，他們也加入消費電子產品，包括電視、印表機、軟體（個人生產軟體、遊戲等）、數位相機、配件等。產品細節、總營收、折扣、淨營收、購買數量、消費間隔時間、產品購買月份等因素，也將一併列入。

　　至於消費者對行銷媒介的回應（等於是行為和互動的徵

兆），他們討論了DM和電子郵件。他們會忽略大部分的社群媒體及集客式行銷（in-bound marketing），原因是很難比對消費者；同樣地，網站橫幅和廣告也很難直接綁定特定的消費者，因此將略過不討論。除此之外，他們知道目錄寄給了誰、寄送時間、封面商品，以及每一本目錄中展示的產品和促銷活動。每本目錄都附有各自的0800電話號碼，因此一旦有消費者來電，服務中心就會知道（至少）該次洽詢的目錄。如果消費者在網路上使用促銷優惠，也可對應至個別目錄。電子郵件也可提供同樣的資料。每封郵件都是寄到確切的電子郵件地址，因此他們可以追蹤每一名消費者開信及點擊的情形。總之，這樣可以收集到許多資料。

收集其他資料

下一步是收集其他資料。這類資料可能來自多個來源，可能是從資料庫建立或擷取，或是取自疊合資料和重要的市調資料。

史考特率領團隊利用消費者資料庫建立其他變數，包括了解季節性變化的每月虛擬變數。他們計算了消費間隔時間、擷取了常見的購物籃項目組合，並統整了產品占比，像是桌上型電腦、消費電子產品等項目所占的比例。

他們還採購了疊合資料，包括人口統計（例如：年齡、教育程度、收入、性別、家戶人數、職業）、生活型態和興趣等變數。他們希望能藉由這些資料，拼湊出區隔市場的真實面貌。這些資料與他們現有的消費者資料庫極為符合，符合

程度大約可達80%。

　　重要市調資料的數量有限，不過史考特發現幾項可能有用的研究（尤其對策略行銷四P的需求調查階段，幫助不小）。他們從資料庫中擷取消費者姓名，分別做了消費者滿意度研究以及消費者知覺研究（awareness study），雖然代表性稍嫌不足，但與交易紀錄大致吻合。

分析

收集資料與取樣

　　注意，此環境有兩種變數：區隔變數和側寫變數。「區隔變數」是指建立區隔市場所使用的變數，剩下的變數則屬於「側寫變數」。重要市調資料在母體中所占的比例太低，無法成為區隔變數，因此應列為側寫變數。人口統計資料一般對定義區隔市場的用處不大，因此這類資料大多屬於側寫變數。除此之外，其他（行為）變數都會以演算法檢測是否顯著，顯著者會保留下來，做為區隔變數。總之請記住，只要不屬於區隔變數，即為側寫變數。

　　接下來，就是史考特最期待的分析階段。此程序有好幾個步驟，每個步驟都饒富趣味。

　　首先，他需要取樣。潛在類別分析對數百萬筆（甚至只有數十萬筆）記錄沒輒。演算法可能需要好幾年時間才能成功收斂。因此，他選擇採用隨機取樣，從中挑出20,000筆消費者紀錄。這些紀錄皆已與交易和行銷媒介回應、衍生資料、疊合資料，以及（可以的話）重要市調資料完成配對。

通常不必考慮（對特定變數）過度取樣（oversampling）或分層取樣（stratifying）。

過度取樣：強制提高特定數據代表性的一種取樣手法，使其樣本數比隨機取樣更多。若簡單隨機取樣產生該特定數據的數量太少，即可採取過度取樣。

分層取樣：依其他數據的分布情形來選擇觀察項的一種取樣技術，這能確保樣本中該特定數據的觀察項夠多。

　　一般消費者行銷領域中，採取簡單隨機取樣已綽綽有餘。建議參閱不錯的一般統計書籍，這些書大多都會介紹取樣方法，例如莫利斯・哈堡（Morris Hamburg）的《決策統計分析》（*Statistical Analysis for Decision Making*, 1987）。

標準化

　　雖然並非一定有其必要，但接下來我想談談如何去除非常態樣本。我通常不會省略這個步驟，以免樣本中出現奇怪的資料元素。整個程序可分為兩個階段。

　　第一階段只是單純檢測每個變數是否「非常態」。一般而言，此階段會計算每個變數的Z分數，或將各變數標準化，接著刪去分數超過3.0標準差的觀察項（常態分布下，三個標準差已涵蓋99.9%觀察項，因此超出者已屬於非常

態）。樣本中顯然會有非常態的資料元素，但通常數量不多。有些人會以平均數代替這些離群值，但要是觀察項夠多，其實並無必要，我反而覺得這麼做會有點武斷。

進入第二階段前，我想先說明一點。還記得之前我曾細數K平均演算法的諸多缺點，聲稱這並非理想的解決方案嗎？現在，我需要你使用K平均演算法檢測樣本是否為常態。

主要概念是對大量（比如說100個）集群執行K平均演算法。定義集群時，可以使用你覺得最合理的（典型行為）變數。我們想要以不尋常的行為動機組成集群，如此一來，假設我們可以得到100個小型集群（裡面只有幾個消費者），而依照多依變數的定義，這些都是「不尋常」的集群；這些觀察項應該刪掉。關鍵在於，比起逐一檢查每個變數是否異常，這種方法採取多自變數方式，找到一群擁有非常態傾向的消費者。因此我們需要刪除這些觀察項（消費者），不再繼續分析。

值得注意的是，我們的目標是要試著理解常態市場，因此才會試圖找出非常態的樣本。有了樣本後，更重要的事情，就是確定變數的分數是否異常，或出現不尋常的消費者行為，然後加以刪除。

假設史考特及其團隊完成了前述程序，樣本數從20,000減少到18,000。接著，將這18,000個樣本隨機分成A、B兩個檔案，一個為測試檔，另一個為稍後使用的驗證檔。

執行潛在類別分析

現在，史考特將測試檔A匯入軟體，準備執行潛在類別分析。他選擇先執行一次，創造出區隔市場#2至#9，藉此縮小範圍。潛在類別分析可提供診斷結果（像是貝氏資訊準則〔BIC〕、負對數概似值〔−LL〕等，請見上文），以協助決定最理想的區隔市場數（請參見表10.2）。注意，貝氏資訊準則一路減少，到六個區隔市場時達到最小值，這等於告訴史考特，六個區隔市場或許就是最理想的狀態。你可以把貝氏資訊準則想成犯錯的機率概念，且機率愈小愈好。誤差最小的集群（就預測所屬市場而言），就是最理想的集群。

接著，他在刪除不顯著的變數後，繼續跑第二個模型，得到表10.3（見下頁）。

他使用的變數也會顯現診斷結果，告訴他哪些變數顯

表10.2：貝氏資訊準則

	貝氏資訊準則（BIC）
2個集群	92,454
3個集群	79,546
4個集群	61,565
5個集群	59,605
6個集群	**58,456**
7個集群	58,989
8個集群	59,650
9個集群	60,056

表10.3：貝氏資訊準則（第二模型）

	貝氏資訊準則（BIC）
3個集群	64,466
4個集群	56,550
5個集群	41,058
6個集群	**40,611**
7個集群	57,089
8個集群	58,067

表10.4：移除的變數清單

年齡	0.05
教育程度（年）	0.07
收入	0.01
家戶人數	0.02
職業：藍領	0.05
職業：白領	0.04
職業：農業	0.02
職業：公務員	0.01
職業：無業	0.02
種族：亞洲人	0.02
種族：白人	0.02
種族：黑人	0.01

著。注意觀察表 10.4，人口統計型資料大多 R^2 小於 10%，史考特也都一併移除。

　　跑模型的流程大致如下：放入變數→跑市場區隔結果→找出貝氏資訊準則最理想的數據→檢查顯著與否→移除不顯著的變數。雖然這看似耗時，但最後還是會比 K 平均演算法等其他方法更快，主要是因為最終一定會找到理想的結果，並非只是無差別地將所有集群武斷地混為一談。

　　最後呈現顯著的變數包括圖 10.3（見下頁）的項目。

　　值得注意的是，這些變數就如預期中一樣，都是行為變數。營收變數都是行為結果，甚至不必測試。人口統計資料普遍不顯著，也並非行為變數。當然，這些變數都能用於側寫程序。

　　下一步是使「殘差」（residual）兩兩一組，以此校正白雜訊。此步驟會加入大量參數，明顯拖慢分析速度。分析時，有三個面向會同時推進：尋找區隔市場數、尋找顯著變數，以及校正白雜訊。

　　接下來是兩兩一組標記殘差，利用繪製而成的圖，決定自變數去留。殘差應降到約 3.84，相當於 95% 的信賴水準（記住，線性模型在 95% 信賴水準的 Z 分數是 1.96，且 3.84＝1.96×1.96 為一曲線公量）。

　　最後一步通常是使用相同的區隔市場數（六個）及顯著變數，執行第二個檔案。檢查二元殘差，並對照兩個檔案的執行結果。兩者基本上應該相同。我通常只會大略瀏覽結果，不會以嚴謹分析「檢測」兩者是否相同。印象中，我從

圖10.3：顯著變數

桌上型電腦購買數
桌上型電腦購買數

消費電子產品（電視）購買數
消費電子產品（相機）購買數
消費電子產品（印表機）購買數
消費電子產品（配件）購買數
消費電子產品（手機）購買數
消費電子產品（軟體：遊戲）購買數
消費電子產品（軟體：生產力）購買數

其他（網路）購買數
其他（配件）購買數
其他（其他）購買數

電子郵件開啓數
電子郵件點擊數

產品購買數（服務中心）
產品購買數（線上）

DM折扣數
電子郵件折扣數

DM來電數
電子郵件來電數
線上選配數
線上購買數
服務中心購買數
服務中心客訴數

Q3購買
Q4購買
購買平均間隔時間（月）
網站瀏覽平均間隔時間（週）

未發現兩者之間有什麼需要特別注意的差異。

側寫與輸出

　　側寫一般會用上所有變數，且通常會區分「由上而下」及「由下而上」視角、策略和戰略視角，或是整體概覽及詳細檢視。以下採取由上而下、策略導向的整體概覽視角，整合六個區隔市場（表10.5，見下頁）。這能一口氣彙整所有區隔市場，加以比較及對照其關鍵績效指標。

　　從表10.5可以觀察到幾點。首先，表中出現部分人口統計數據，這很正常。雖然在市場區隔的設計程序中，人口統計資料不具統計顯著性，但在描繪區隔市場的樣貌時，依然很實用（而且廣告商似乎很愛這類數據）。稍早提過，市場區隔的第一階段是劃分市場，第二階段是調查需求，而增加額外資料就是調查需求的一部分。

　　現在看一下市場區隔的結果。從規模來看，市場#1是最大的市場，其他各市場的規模逐步遞減，尤以市場#6最小（3%）。重點在於市場規模與營收占比間的關係。市場#2貢獻了39%營收，但其規模僅24%。相反地，市場#5即便占有9%規模，但僅產生2%營收。透過這些數據，史考特開始理出頭緒，了解該將資源投入哪些地方，亦即哪些市場「值得」行銷。請參見圖10.4。

　　通路偏好是另一個值得關注的重點。市場#2和市場#4似乎相當倚賴網路，市場#3則不在網路上購物。收到的12.9封電子郵件中，市場#4的消費者會開啟4.5封，相較之下，

表10.5：六個區隔市場的總體概覽

	市場 #1	市場 #2	市場 #3	市場 #4	市場 #5	市場 #6
市場規模（%）	30%	24%	19%	15%	9%	3%
營收占比（%）	32%	39%	9%	17%	2%	0%
總購買數	14.49	25.64	8.88	18.17	7.95	9.65
桌上型電腦營收	3,150	4,730	999	2,592	352	81
筆記型電腦營收	2,320	720	680	1,152	630	168
總營收	6,218	9,786	2,742	6,811	1,393	1,154
DM寄送數	13.5	9.1	19.5	5.6	6.8	9.5
電郵發送數	15.9	17.8	9.1	12.9	15.5	12.8
電郵開啟數	1.4	3.2	0.4	4.5	1.7	2.6
電郵點擊數	0.1	0.4	0	2.3	0.3	0.2
服務中心購買數	3.6	2.6	8	0.9	2	3.9
線上購買數	10.9	23.1	0.9	17.3	6	5.8
教育程度（年）	19.1	12.9	11.8	17.9	13.8	13.8
收入	185K	60K	45K	125K	15K	75K
Q4購買（%）	25%	70%	83%	14%	15%	41%
購買平均間隔時間	6.5	3.1	16.5	4.2	9.4	15.4
網站瀏覽平均間隔時間	3.2	2.1	9.5	1.9	3.9	8.5

圖10.4：市場規模與營收占比

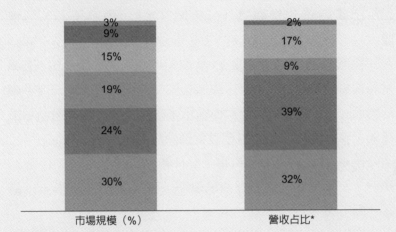

市場規模（％）	營收占比*
3%	2%
9%	17%
15%	9%
19%	39%
24%	32%
30%	

*採四捨五入計算，因此加總未達100%。

寄送9.1封電子郵件給市場#3的消費者，只有0.4封開啟。購買的25.64件產品中，市場#2的消費者會在線上購買23.1件（市場#4是18.17件產品中，有17.3件來自網購），市場#3則8.88件產品中，只有0.9件產品是在線上購買。這些行為差異清晰可見。

　　收入方面，市場#1最高，市場#5最低（以學生居多，請見以下詳細資料）。市場#1的教育程度最高，市場#2最低。職業與其他人口統計數據，請見下文圖表。

各區隔市場觀察結果及細節說明

　　以下針對各市場提出幾點說明與觀察結果。

市場#1

市場#1的規模最大（占整體30%），貢獻了32%的營收。

比起其他市場，市場#1購買的桌上型電腦（3.5）比筆記型電腦（2.9）多。該市場的生產力軟體滲透率偏高（平均的兩倍），且大多數消費者也願意重金購入智慧型手機和平板電腦，表示這裡的消費者相當習慣使用高科技產品。

市場#1收到的DM和電子郵件數目位居第二高，但很有趣的是，該市場的電子郵件點擊率／開信率只有0.7%，只贏過一個市場。

市場#1的家戶人數最多（4.1），且擁有最多白領消費者（70%）。此區域的收入最高，教育程度也最亮眼。這裡的消費者群偏年輕，或許可稱為雅痞市場。

市場#2

市場#2擁有第二大市場規模（占整體24%），貢獻的營收超過其應有水準（39%）。

截至目前，市場#2的桌上型電腦價格最高（超過平均75%），購買的遊戲軟體總值將近平均的四倍。生產力軟體在此區乏人問津，但配件（接近平均的三倍）和手機（接近平均的兩倍）的銷售亮眼。

市場#2的電子郵件開信率高居次位，線上購物的產品數最多，高於平均88%。此區消費者透過目錄聯絡服務中心的次數為倒數第二，但透過電子郵件聯絡的次數最高，且線上

完成商品選配的情況最多。

此市場是遊戲玩家大本營！消費者大多是單身年輕人，家戶人數倒數第二。所有電玩配件（像是耳機、搖桿等）都是他們的消費項目。

市場#3

市場#3在整體消費者市場中占了19%，但營收僅貢獻9%。規模與營收有點不太相稱。

此區域購買大量數位相機（接近平均的兩倍），手機的消費量更多出50%。細究消費產品後，發現此區的消費者傾向購買低階入門款，這大概是營收這麼低的原因之一。

市場#3消費者收到的目錄最多，收到的電子郵件最少。比起其他市場，這裡的消費者開信及點擊的情況較不理想。若要吸引市場#3的消費者買單，需提供（DM）折扣。

相較於其他市場，這裡的消費者比較常透過DM聯絡商品廠商，而且向服務中心購買商品的情況較常見。然而，他們透過電子郵件聯絡及線上購物的風氣就相對較不普遍。

此市場需要面對面經營。消費者較不仰賴科技，偏好向熟悉的廠商消費。這裡的消費者普遍為非裔美國人，藍領與公務員的比例很高。此市場的教育程度最低。

他們向服務中心客訴的情形比其他市場常見，且大多喜歡在聖誕節前後購物。

市場#4

市場#4占整體市場15%，產生的營收占17%。

此市場購買的桌上型電腦和筆記型電腦數量，都位居第二名。消費者相當喜歡高科技產品，電視、相機、網路和其他配件的銷量，都超越其他市場。

市場#4的電子郵件開信率最高，且目前電子郵件點擊率也勝過其他市場（比平均四倍還高）。相較於其他市場，這裡的消費者比較少透過服務中心購買產品，線上購物的現象則高居第二位，且瀏覽網站的間隔時間最短。

此市場對網路高度倚賴，甚至大概也認為「紙本印刷的時代已過」。這裡的消費者以亞洲人為大宗，他們熱愛高科技，大多從事工程類白領工作。比起其他市場，他們很願意嘗試新產品，且教育程度高居第二名。他們不重視DM，大部分消費活動都在網路上完成。

市場#5

這是最不蓬勃的市場，規模只占整體9%，僅貢獻2%營收。

此市場的消費者大多會在開學前夕購買初階產品（很少桌上型電腦，大多是筆記型電腦），而且通常會搭配折扣。消費電子產品的銷量幾近於零。

市場#5收到的DM數量是倒數第二，向服務中心購買產品的情形也是第二少。此市場似乎是以學生、單身、失業、低收入人士等族群居多。

市場#6

　　市場#6的規模僅占整體市場的3%，貢獻的營收少於
1%。

　　此市場的消費者只會購買配件、小東西、零組件等。

　　這裡的消費者對我們的品牌不太買帳，且不太回應我們
的行銷傳播。他們不太瀏覽我們的網站，購買產品的間隔時
間最長。這可能會是我們停止行銷的對象市場。高比例的農
業人口是值得注意的現象。

　　表10.6（見p.242）和表10.7（見p.244）整合以上所述，
依個別市場羅列了部分詳細資料。

為區隔市場命名

　　幫區隔市場命名是極為有趣的步驟之一。以營收和產品
命名是一種普遍作法，像是桌上型電腦市場或低技術產品市
場，就是常見的例子。另一種方式是著墨於行銷傳播媒介，
例如回應DM的市場和偏好電子郵件的市場。不過，這兩種
名稱可能都太簡化。

　　每個名稱最好簡潔扼要，像是桌上型電腦擁護者、玩
家、新鮮人、重網路，重點是要能清楚描述，且簡單易記。

「K平均演算法」與「潛在類別分析」之比較

　　以下比較結果出自史考特與其他分析團隊同事切磋討
論的過程。有些同事只學過K平均演算法，加上潛在類別分
析是相對較新的技術，所以他們並非完全理解或信賴這個方

法。因此，史考特親自跑了潛在類別分析，告訴K平均演算法團隊，他從分析中得到的區隔市場數目，以及應使用的變數。這兩項（市場數和顯著變數）都不是K平均演算法能夠提供的資訊，史考特等於是為K平均演算法團隊提供了兩個**重要**優勢。團隊分別跑了演算法，將得到的關鍵績效指標（KPI）整理成表10.8（見p.246）。

這張潛在類別分析表格是依各市場呈現平均數據。現在，請觀察一下「總購買數」變數一欄。從平均來看，市場#2購買最多產品（25.64），市場#5購買最少產品（7.95）。現在看一下最後一欄「高／低」25.64／7.95＝3.23，其目的在於衡量範圍，亦即分散程度（dispersion）。

接下來，看一下表格的下半部分，也就是使用K平均演算法的地方。這裡使用的資料都一樣，市場數相同，使用的顯著變數也沒變。總購買數的高／低比值，比潛在類別分析差距拉近許多，亦即最大值17.7除以最小值14.1，結果僅得到1.26。這是很典型的差異。K平均演算法的結果可以參考，但潛在類別分析的成效更好、更鮮明，最後可以導向更清晰的策略。

K平均演算法與潛在類別分析的另一個普遍差異，在於市場大小。潛在類別分析產生的區隔市場規模，從30%到3%不等，但以K平均演算法得到的規模，僅介於24%至9%。K平均演算法主要產生類球型集群（roughly spherical cluster），且規模通常較小。沒有任何行銷理論會假設區隔市場的規模大致相同。

最後史考特終於說服團隊，潛在類別分析顯然才是正確的選擇。

彈性模型

完成市場區隔後，建立彈性模型是理所當然又實用的後續流程（別忘了，第四章談到需求時，曾詳細說明了建立模型的過程）。透過此步驟，我們可知道各區隔市場對價格的敏感程度，亦即可能會有市場容易受價格波動影響，也有市場不受價格牽制。從中，我們可以擬出相當有利的行銷策略。如需了解建立彈性模型的一般過程，請複習稍早的章節。

透過表10.6、10.7和10.8（見p.242～247），史考特發現，市場#1對價格並不敏感，該地的消費者不會因為折扣而消費。相反地，他發現市場#3和市場#5對價格變動相當敏感，這些地區必須提供促銷，消費者才會願意購買。

表 10.6：各區隔市場詳細資料

	市場 #1	市場 #2	市場 #3	市場 #4	市場 #5	市場 #6
市場規模（%）	30%	24%	19%	15%	9%	3%
營收占比（%）	32%	39%	9%	17%	2%	0%
桌上型電腦 購買數	3.5	2.2	1.11	2.88	0.88	0.09
筆記型電腦 購買數	2.9	1.2	0.85	1.44	1.05	0.21
消費電子產品 （電視）購買數	0.11	1.15	0.09	1.35	0.05	0.21
消費電子產品 （相機）購買數	0.02	0.05	1.06	1.88	0.24	0.45
消費電子產品 （印表機）購買數	1.38	1.06	1.15	1.19	1.09	0.29
消費電子產品 （配件）購買數	1.2	5.5	0.08	1.08	0.29	1.87
消費電子產品 （手機）購買數	0.03	1.21	0.99	0.89	0.09	0.35
消費電子產品 （軟體：遊戲） 購買數	0.02	9.55	0.08	0.09	0.68	0.65
消費電子產品 （軟體：生產力） 購買數	4.1	0.09	1.06	2.21	0.24	0.87
其他（網路） 購買數	1.1	1.02	1.54	2.89	1.98	0.87
其他（配件） 購買數	0.11	1.55	0.22	1.59	1.08	1.54
其他（其他） 購買數	0.02	1.06	0.65	0.68	0.28	2.25

	市場 #1	市場 #2	市場 #3	市場 #4	市場 #5	市場 #6
總購買數	14.49	25.64	8.88	18.17	7.95	9.65
桌上型電腦營收	3,150	4,730	999	2,592	352	81
筆記型電腦營收	2,320	720	680	1,152	630	168
消費電子產品（電視）營收	127	1,811	104	1,553	30	242
消費電子產品（相機）營收	7	15	371	658	60	158
消費電子產品（印表機）營收	207	105	173	179	82	44
消費電子產品（配件）營收	90	853	6	81	19	140
消費電子產品（手機）營收	7	454	223	200	14	79
消費電子產品（軟體：遊戲）營收	1	716	5	6	37	42
消費電子產品（軟體：生產力）營收	308	2	80	166	18	65
其他（網路）營收	61	97	85	159	109	48
其他（配件）營收	4	271	8	56	38	54
其他（其他）營收	0	12	10	10	4	34
總營收	6,281	9,786	2,742	6,811	1,393	1,154

表10.7：各區隔市場其他詳細資料

	市場 #1	市場 #2	市場 #3	市場 #4	市場 #5	市場 #6
DM寄送數	13.5	9.1	19.5	5.6	6.8	9.5
電郵發送數	15.9	17.8	9.1	12.9	15.5	12.8
電郵開啟數	1.4	3.2	0.4	4.5	1.7	2.6
電郵點擊數	0.1	0.4	0	2.3	0.3	0.2
服務中心 購買數	3.6	2.6	8	0.9	2	3.9
線上購買數	10.9	23.1	0.9	17.3	6	5.8
DM折扣數	8.1	5.5	11.7	3.4	4.1	5.7
電子郵件 折扣數	11.1	12.5	6.4	9	10.9	9
DM來電數	1.2	0.8	15.9	0.2	3.9	9.5
電子郵件 來電數	9.4	12.8	2.1	3.4	8.4	4.8
線上選配數	5.5	21.5	0.7	16.5	12.6	0.4
服務中心 購買數	3.6	2.6	8	0.9	2	3.9
服務中心 客訴數	2.1	0.9	5.6	3.2	1.2	0.5
年齡	28.9	25.5	41.9	30.1	21.2	38.9
教育程度 (年)	19.1	12.9	11.8	17.9	13.8	13.8
收入	185,000	60,000	45,000	125,000	15,250	75,000
家戶人數	4.1	1.2	3.9	3.7	1.1	3.1

	市場 #1	市場 #2	市場 #3	市場 #4	市場 #5	市場 #6
職業：藍領	20%	19%	60%	18%	13%	25%
職業：白領	70%	38%	1%	65%	5%	35%
職業：農業	4%	5%	2%	1%	5%	18%
職業：公務員	3%	28%	25%	15%	15%	11%
職業：無業	1%	8%	10%	1%	60%	10%
種族：亞洲人	15%	5%	2%	21%	7%	1%
種族：白人	55%	65%	35%	41%	70%	80%
種族：黑人	20%	15%	35%	8%	10%	11%
Q1購買	30%	4%	6%	20%	5%	1%
Q2購買	25%	10%	5%	31%	5%	3%
Q3購買	20%	15%	5%	33%	75%	55%
Q4購買	25%	70%	83%	14%	15%	41%
購買平均間隔時間（月）	6.5	3.1	16.5	4.2	9.4	15.4
網站瀏覽平均間隔時間（週）	3.2	2.1	9.5	1.9	3.9	8.5

表10.8：關鍵績效指標（KPI）

	市場 #1	市場 #2	市場 #3	市場 #4	市場 #5	市場 #6	高／低
市場規模（%）	30%	24%	19%	15%	9%	3%	12
營收占比（%）	32%	39%	9%	17%	2%	0%	81.44
總購買數	14.49	25.64	8.88	18.17	7.95	9.65	3.23
桌上型電腦營收	3,150	4,730	999	2,592	352	81	58.4
筆記型電腦營收	2,320	720	680	1,152	630	168	13.81
總營收	6,281	9,786	2,742	6,811	1,393	1,154	8.48
DM寄送數	13.5	9.1	19.5	5.6	6.8	9.5	3.48
電郵發送數	15.9	17.8	9.1	12.9	15.5	12.8	1.96
電郵開啓數	1.4	3.2	0.4	4.5	1.7	2.6	12.4
電郵點擊數	0.1	0.4	0	2.3	0.3	0.2	124.04
服務中心購買數	3.6	2.6	8	0.9	2	3.9	8.8
線上購買數	10.9	23.1	0.9	17.3	6	5.8	25.99
教育程度（年）	19.1	12.9	11.8	17.9	13.8	13.8	1.62
收入	185,000	60,000	45,000	125,000	15,250	75,000	12.13
Q4購買	25%	70%	83%	14%	15%	41%	5.93
購買平均間隔時間（月）	6.5	3.1	16.5	4.2	9.4	15.4	5.32
網站瀏覽平均間隔時間（週）	3.2	2.1	9.5	1.9	3.9	8.5	5

	市場 #1	市場 #2	市場 #3	市場 #4	市場 #5	市場 #6	高/低
市場規模（%）	24%	19%	17%	16%	15%	9%	2.67
營收占比（%）	19%	15%	17%	19%	18%	13%	1.45
總購買數	14.1	17.7	16.2	14.8	16.9	17.2	1.26
桌上型電腦營收	1,901	2,490	3,498	4,021	2,011	2,666	2.12
筆記型電腦營收	1,344	1,108	1,655	1,100	1,100	911	1.82
總營收	4,992	5,006	6,271	7,509	7,489	9,200	1.84
DM寄送數	10.1	11	11.2	12.8	12.9	15.1	1.5
電郵發送數	11.9	15.2	16.4	15.2	14.9	15	1.38
電郵開啓數	1.8	2.2	2.3	2.2	2.1	2.8	1.56
電郵點擊數	0.61	0.66	0.54	0.52	0.51	0.26	2.54
服務中心購買數	3.1	3.6	3.7	3.9	3.4	4.9	1.58
線上購買數	9.1	10.2	12.4	17.1	13.5	13.6	1.88
	12.2	13.8	16.1	21.0	16.9	18.5	1.73
教育程度（年）	16.3	16.4	15.1	13.1	15.3	15.5	1.25
收入	109,655	109,166	98,066	98,054	97,112	88,055	1.25
Q4購買	39%	34%	61%	44%	44%	55%	1.79
購買平均間隔時間（月）	6.6	7.5	7.7	9.1	8.1	7.9	1.38
網站瀏覽平均間隔時間（週）	3.8	4.1	4.5	4.6	3.5	4.9	1.4

測試與改進計畫

　　最後一步通常是擬定測試計畫。這裡的概念相當直接明瞭，後續章節會再補充相關的統計細節。

　　研擬計畫的目的，在於確定市場區隔程序中所發現的敏感程度。也就是說，要是發現某市場對價格敏感，就實際加以測試；如果某市場的消費者偏好特定通路，也直接測試。

　　我們通常會先測試選擇性質的項目，接著才檢測促銷、通路或產品類別，而這通常會以實驗與控制組的形式來完成。

為何不能自滿於RFM？

（注：本文另採不同格式發表於《市場洞見》〔*Marketing Insights*〕，2014年4月）

摘要

　　雖然許多企業都使用RFM模型（最近一次消費、消費頻率、消費金額），但這在行銷方面只能觀察消費者的投入程度（engagement），效益有限。此分析屬於財務導向，在短期內還算有其價值，但隨著組織規模日漸壯大、營運日益複雜，就需改用更細膩的分析技術了。RFM模型不需行銷策略，而隨著企業的複雜程度漸增，策略規畫的比重也需隨之增加。市場區隔正好可以滿足這兩種需求。

　　過去七十五年以來，RFM模型一直是資料庫行銷的一大支柱。這能協助行銷人員輕鬆找到「最佳」顧客，成效不錯。既然如此，為何不能滿足於RFM模型呢？要回答此問題，我們先從基本定義講起。

什麼是RFM模型？

　　RFM模型的其中一項定義是：以最近一次消費、消費頻率及消費金額組成的方程式，是組織尋找最佳顧客的重要工具。最早使用RFM模型的領域非直效行銷莫屬，至今已超過七十五

年。尤其大概五十年前，早期資料庫行銷專家（例如史丹・瑞普〔Stan Rapp〕、湯姆・克林斯〔Tom Collins〕、大衛・舍非德〔David Shepherd〕和阿圖・休斯〔Arthur Hughes〕等人）紛紛著手寫書，到了提倡資料庫行銷（新一代的直效行銷）時，此技術更是為人津津樂道。於是，RFM模型成了建置資料庫來尋求獲利的熱門趨勢。這類專案通常所費不貲，因此「獲利」自然成了最急迫的目標。

羅伯特・傑克森（Robert Jackson）和保羅・王（Paul Wang）在書中寫道，「要找到最佳顧客，你必須使用最近一次消費、消費頻率、消費金額（RFM）分析檢視顧客資料⋯⋯」（1997）。同樣地，重點都在於尋找最佳顧客，但行銷的目標不僅止於尋找「最佳」顧客。所謂「最佳」是一種持續的概念，不應該僅以過去的財務數據為判斷依據。

雖然排列組合數之不盡，但RFM模型普遍會採用三種評分方式。首先，依交易時間遠近將資料庫排序，給予前20%的紀錄5分，倒數20%的紀錄配以1分。接著，根據頻率（或許是一年內的交易次數）再次將資料庫排序，同樣地，前20%的紀錄得到5分，最後20%的紀錄只得1分。最後，再依消費額將資料庫重新排序，前20%的紀錄配以5分，最後20%的紀錄給予1分。現在，將三欄分數加總起來（R＋F＋M），每位顧客會得到15分至3分不等的分數，其中得分最高者即為「最佳」顧客。

消費者ID	最近一次消費 （R）	消費頻率 （F）	消費金額 （M）	總計
999	3	2	1	6
1001	5	3	3	11
1003	4	4	2	10
1005	1	5	2	8
1007	1	4	1	6
1009	2	4	3	9
1010	3	4	4	11
1012	2	3	5	10
1014	3	1	5	9
1016	4	1	4	9
1017	5	2	3	10
1018	4	3	4	11
1020	4	4	3	11
1022	3	5	3	11
1024	2	4	2	8
1026	1	3	5	9

　　注意，所謂的「最佳」，完全是從企業的立場所得出的結果。關注的焦點並非消費者行為，也不是消費者需求，甚至不探討高分客群如此捧場的原因，也不關心為何產品得不到低分族群的青睞。從頭到尾，真正關切的重點始終是從資料庫獲取（財務）報酬，而非了解消費者行為。換句話說，分析的動機其實是

獲利，並非行銷。

　　尋找互動最多的消費者，是RFM模型的主要功用，但其效用僅限於選擇及鎖定市場。RFM模型簡單明瞭，容易使用、理解、解釋及實際執行。此方法不需任何分析專業，甚至不必由行銷人員操刀，只要有資料庫和程式設計師就能辦到。

　　假設你每個月都幫資料庫重新評分，以便於寄送最新一期的目錄。這就表示各消費者每個月都有可能處於RFM模型的不同階層。每隔一段固定時間，消費者就會得到新的分數，進而重新洗牌、變動。即使如此，你還是無法了解為何消費者的購物模式改變、為何他們減少購買品項、為何他們的購物次數變少，或是購買的間隔時間有所變化。RFM模型就像是冰山露出的一角，我們只能看見已成定局的結果，無助於了解激發實際消費行為的深層動機。RFM模型演算法的目的並非理解消費者行為，因此我們無法從中得到任何有關消費者行為的解釋。更確切來說，RFM模型僅使用三項財務數據，並未真正使用演算法來呈現消費者行為的差異。

　　RFM模型無法提高消費者的投入程度（只能依當下的互動程度、品牌忠誠度、滿意度，從中獲得或多或少的利益，但無法了解其背後的**原因**），致使行銷人員容易消極看待。由於無法理解消費者，因此無法經營與消費者的關係。換句話說，RFM模型無法解釋客群的行為，使行銷策略人員無從主動提供誘因，深化與消費者的互動。

　　RFM模型是不錯的切入點，但若要有長足的進展，我們需要RFM模型以外的其他輔助。行銷人員要想專精行銷專業，行為區隔是不可或缺的關鍵。

什麼是行為區隔？

認清RFM模型產生的結果有其美中不足之處後，行為區隔（Behavioural Segmentation, BS）自然而然就成了替代方案。如同許多事情一樣，複雜的分析往往需要複雜的分析工具和專業能力。於是，將資料庫應用於行銷目的時，「行為區隔」自然成了實際運用行銷概念的首選。

擬定行銷策略時，需要有一個程序。菲利普・科特勒建議採用策略行銷四P：劃分市場、調查需求、確立優先順序、釐清定位。其中，「劃分市場」指的就是「行為區隔」。

雖然市場劃分在數學上只需使用商業準則（RFM模型就是一種商業準則），就能將市場分成數個子市場，但「行為區隔」是一種明確的分析策略，需使用消費者行為定義來區隔市場，並透過統計技術擴大區隔市場的差異。詹姆士・麥爾斯甚至說：「許多人認為，市場區隔是現今行銷領域的關鍵策略概念。」

「行為區隔」是採消費者的觀點，主要使用消費者交易和行銷媒介回應等資料，確切了解消費者看重的事情，其主要精神就是以消費者為核心。所有策略行銷活動都適合使用「行為區隔」，包括：選擇目標客群、訂定最佳折扣、了解消費者的通路偏好／決策歷程、釐清產品滲透率／品類管理等。「行為區隔」不僅能協助行銷人員選擇目標市場，還能完成更多工作。

這裡有一個重點。行為出自於動機，不管是核心動機或經驗動機。舉凡結帳、光臨店面、使用產品（滲透率）、開啟及點擊行銷媒介並給予回應，都是行為，正是這些行為創造了財務成果、營收、成長、終身價值和利潤。

核心動機主要是無形的態度、品味和偏好、生活方式、金錢價值觀、通路偏好、益處或需求激發。另外也有經驗動機，這是行為的次要成因，通常取決於品牌曝光。這些都不是行為本身，但會觸發後續行為。這種次要行為成因包括：忠誠度、互動程度、滿意度、服務禮節或速度。值得留意的是，RFM模型使用的最近一次消費和頻率（互動程度指標）就屬於次要成因，而同樣會使用的金額相關指標，則是財務結果數據。由此可知，RFM模型僅使用互動和財務等方面的資料，並未使用行為資料。這與「行為區隔」所使用的行為資料截然不同。有個簡單的方法可以分辨行為資料和次要資料：行為資料是名詞，像是消費、回應等；次要成因則是形容詞，諸如**互動**指標、**忠誠**消費者、**近期**交易、**頻繁購買**的商品等。

　　「行為區隔」一般需要專業的分析能力才能使用，而行為區隔則是最後產出的統計成果（請參見表10.9，見p.251）。

　　「行為區隔」與RFM模型之間的一項重要差異，在於行為區隔的成員通常不會輕易改變，也就是說，那些定義區隔市場的行為，其演變相當緩慢。例如，假如某人對價格很敏感，她的主要行為模式不太會改變。即使她生了小孩、年紀漸增，甚或養了小狗、買了房子，她還是會很在意價格波動。她買的產品或許會變，她對特定銷售活動的興趣，可能不會永遠一樣，但她的主要行為模式不會變。這就是「行為區隔」勝過RFM模型的地方，也是我們之所以可以了解區隔市場的關鍵。「行為區隔」能提供這類洞見，進而幫助我們對每個區隔市場衍生出一套解釋的思路、說法，最終釐清各區隔市場能夠自成一格，**獨立**成區隔市場的原因。

相較於RFM模型只從三個面向切入，任何行為方面的數據，只要能有效區隔市場，「行為區隔」都可以使用。一般而言，市場區隔通常需要超過三個變數，才能達到理想成果。

　　由於我們可以對各區隔市場施以行銷組合測試（使用產品、價格、促銷和通路等要素），從RFM模型獲得的洞見可以奠定穩固基礎，協助我們針對各區隔市場量身打造行銷策略。RFM模型大概不適合檢測各層級激發消費者行為的程度，因為各級距的成員可能每隔一段時間就會變動。這就像研究聲稱：「女性抽菸的話，日後新生兒的體重會比較低。」但其實這兩者的關係令人質疑。事實上，嬰兒體重偏低可能另有其他（無形的）原因，像是社會經濟、文化等因素，抽菸**並非絕對**（唯一）肇因。同樣地，假設我們使用RFM模型解釋消費者對宣傳活動的回應情形，其結果必定不公允，還需考量其他（無形的）行為。換句話說，消費者的回應情形並非取決於RFM模型層級，其他動機也有影響。

　　簡而言之，「行為區隔」的效用遠超過RFM模型，而其所提供的洞見和衍生的策略，通常能讓人滿意。

行為區隔能提供哪些RFM模型欠缺的優勢？

　　如前所述，「行為區隔」可將母體做最大程度的區分，使各區隔市場成員之間的特色涇渭分明。由於成員隸屬的市場通常不太會改變，因此可以針對各市場擬定及實施不同行銷策略，在交叉銷售、追加銷售、投資報酬、利潤、忠誠度和滿意度等方面，創造最理想的成果。

「行為區隔」可以找到最理想的變數，有效突顯各區隔市場特有的敏感因素。舉例來說，可能會有區隔市場的通路偏好相當鮮明，即可以此條件加以定義；其他市場則可能對價格敏感、不同產品的滲透率天差地遠，或是僅偏愛特定行銷媒介，這些都是有效區隔市場的理想條件。透過這些認知，我們可以充分深入了解市場動機。根據每個市場的重要差異因子，我們可以得到寶貴洞見，進而賦予各市場鮮明而獨特的定位。

如此一來，你不再苦思如何提供各種誘因，促使消費者從「低價值」層級晉升到「高價值」層級。在「行為區隔」中，分組之間沒有優劣之分。換言之，現在你的工作是要了解誘發各市場消費行為的因素，在此基礎上盡可能提升各市場的消費表現，而非只在意如何改變消費者版圖。正因如此，「行為區隔」才需搭配測試與改進計畫。

由分析中得出洞見，我們可以更認識每個區隔市場最主要的痛點（pain point），這也意味著我們可以對各市場對症下藥，在適合的時機釋出適合的訊息，用足以打動人心的價格提供適當的產品選擇。這種定位策略可給予消費者「專屬感」，而這種「絕無僅有」的市場觀感也能為企業本身實現差異化的目標，使其從激烈競爭中脫穎而出，轉為獨占。也就是說，你取得了某種程度的市場力量（market power）而漸漸成為制定價格的主力。

由於「行為區隔」能提供這種寶貴的市場洞見，行銷人員才會願意積極了解消費動機，進而針對各區隔市場擬出極其有利的行銷策略，創造豐碩成果。

・・・

結論

　　RFM模型有什麼優點呢？它在快速簡單，使用、解說和實際執行等方面，都很容易上手。相較之下，行為區隔有哪些缺點？使用者需具備分析專業，成本較高，且耗時較長。

　　「行為區隔」主要使用行為變數，據以了解消費者行為，同時也採取統計演算法，在行為的框架中盡可能突顯每個區隔市場的差異（請見以下方框中的說明）。承續前文所述，從RFM模型改用「行為區隔」的行銷人員中，絕大多數都認為這種轉變很值得，且實際獲利也提供了最好的證明。

行為區隔技術

　　「行為區隔」和RFM模型有三點不同：「行為區隔」（通常）使用較多行為資料；「行為區隔」使用這些資料的目的在於了解消費者行為；「行為區隔」會採取統計方法，將各區隔市場做最大程度的區分。簡單比較RFM模型、卡方自動交互作用偵測、K平均演算法和潛在類別模型，即可窺得箇中意義。RFM模型使用多個自變數（通常是三個變數），但無法處理多個依變數（即同時使用三種維度）。RFM模型屬於數學性質的分析法，就統計而言並非理想選擇。

　　偶爾會有人提出以卡方自動交互作用偵測（卡方自動交互作用偵測）執行市場區隔的提議。這是一種樹狀結構圖，根據卡方檢定結果將節點分門別類。雖然卡方自動交互作用偵測快速又簡單（大概比RFM模型更簡便），但也不是最理想的解決方案。這並非統計模型，充其量只是一種啟發法，

或僅止於指導方針，無法提供任何診斷，蘊含的情報知識也少之又少。

K平均演算法（又稱為分割法、疊代法、分群法）是另一種快速簡單的分析法。這種演算法通常會需要你決定集群數（好像你原本就該知道怎麼做一樣），並挑選用以區別集群的變數（同樣假設你知道怎麼做）。K平均演算法不具任何診斷功能，對於這些重要條件毫無任何協助，讓你僅憑著主觀的直覺全權決定。

確定集群數以及要使用的分群變數後，演算法會放入所有變數，據以產生第一個觀察項（例如資料集中的消費者），並計算中心值（centroid，維度空間中所有變數的平均），最後將此標示為集群一。接著，演算法會著手處理下一個觀察項、計算中心值，並判斷第二個觀察項與第一個觀察項之間的距離（以歐式距離平方根為依據）。如果「距離夠遠」（根據分析師設定或系統預設的標準）足可自成一個集群，就確定此為集群二。演算法會持續處理資料集，直到集群達到設定的數量，且所有觀察項皆歸屬於一個（互斥的）集群為止。

有幾點需要注意：第一，K平均演算法方法以歐式距離平方根為根據，來決定觀察項的歸屬，因此並非統計屬性，而是數學性質的分析法。第二，集群中心值（即集群）高度取決於資料集的順序。若將資料集重新排序，最後可能會得到天差地遠的區隔結果。第三，此方法幾乎毫無診斷功能可言。第四，由於集群呈現自然球形（因為是根據與中心值的距離，決定觀察值歸屬何處），集群的大小會很相似，這不太

可能符合真實市場的情況。雖然K平均演算法又比RFM模型和卡方自動交互作用偵測更進一步，但顯然仍有許多缺陷。

　　潛在類別分析（LCA）問世至今已五十年，但直到二十年前才真正蔚為流行。這是一種貝氏（最大概似）方法，具有統計的本質。由於消費者行為屬於一種機率（甚至是不理性的）現象，因此使用統計分析法會比數學屬性的方法更為適切。透過此方法提供的診斷功能，我們可以知道區隔市場的最佳數量，也能了解哪些變數對市場區隔最為重要。

　　潛在類別分析會賦予每個觀察項（資料集中的消費者）一個機率分數，表明其隸屬各區隔市場的機率。例如，假設消費者A屬於市場#1的機率為95%，但只有5%機率屬於市場#2。結果很明顯。但要是因為消費者的過往紀錄不多，或是消費者的消費模式非比尋常，導致其隸屬市場#1的機率為55%，屬於市場#2的機率為45%，怎麼辦？結果就比較不那麼明顯了。潛在類別分析可以在幫觀察項分群時，去除市場行為不夠強烈的觀察項。這些觀察項所占的比例通常很小，但「知道」每個消費者最可能屬於哪個區隔市場，可謂至關重要，對後續確定策略方向非同小可。

　　雖然已有不少人親身證實，但成果最佳者莫過於傑・麥迪遜和傑羅・維爾蒙（Jeroen K. Vermunt）。他們指出，就識別和區隔市場的成效而言，潛在類別分析遠遠勝過K平均演算法（2002）。綜合以上所述的優點，市場區隔的首選方法以「潛在類別分析」最佳。

從眾人之中脫穎而出的必要條件

☐ 記得SAS程式提供一種最適合執行市場區隔的方法，即「對共變異數矩陣的行列式值取對數」。

☐ 熟記市場區隔的各種方法：商業準則、卡方自動交互作用偵測、階層式集群分析法、K平均演算法集群分析、潛在類別分析等。

☐ 指出潛在類別分析可找出最理想的區隔市場數量、識別顯著變數，以及計算每一成員隸屬各個區隔市場的機率。簡言之，沒有任何事情需要主觀決定！

☐ 實際使用行為區隔程序：擬定策略、收集行為資料、製作／使用其他資料、執行選擇的演算法，以及側寫區隔市場。

☐ 證明RFM模型採用的是企業觀點，並非從消費者的角度出發。

☐ 說服他人同意，RFM模型只能試圖移動消費者版圖，無助於策略擬定。

Part 4

攸關日常行銷的
其他重要主題

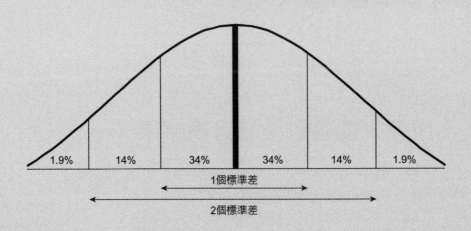

| 1.9% | 14% | 34% | 34% | 14% | 1.9% |

1個標準差

2個標準差

Chapter 11

統計檢定
怎麼知道哪些分析結果正確？

▎所有人都喜歡檢驗分析結果

統計檢定（試驗設計，DOE）似乎可減少出錯的機會。

> **試驗設計**：以歸納方式建立統計測試，其中採用的刺激因素會隨機考量變異數、信賴度等不同條件，並與控制組對照比較。

　　現在我要坦承，我其實不太熱中檢驗工作。我了解這其中的價值，但檢驗「夠純淨」（亦即能有效及確實測量目標項目）的次數其實寥寥可數。有幾點原因：首先，企業不願意設計對照試驗（因為對照組不會收到刺激，企業不會為此放棄潛在顧客）。從行銷科學的角度來說，「任何檢驗都需要成本！」，所以企業通常很掙扎，導致控制組的樣本規模太小，小到無法（確實）執行統計上的各種檢測（像是T檢定、Z檢定）。

　　檢驗「不夠純淨」是另一個理由。我們似乎從來無法將消費者控制在只接受特定一種（或毫無）實驗變數（刺激）的狀態。例如，某消費者本應接受實驗變數X，比照實施實驗變數Y的結果（這是正常的檢測情形）。然而，該消費者也會無意中接觸到企業其他部門釋出的刺激，違背了統計檢定的首要原則：對照試驗中，只容許一項因子改變。要是消費者只能接受實驗變數X，但他們（或一部分人）同時也接收到刺激A、實驗變數B和促銷C等其他影響，此檢測就無法順利完成。在「試驗設計」的架構下，若未經過設計，一項統計檢定不可同時測量多項變動因素。「試驗設計」為何如此重要，原因在此。

　　很少有企業可以如此嚴謹地確實執行檢測作業。大部分情況下，檢測結束後，雖然一方面所有人都會體認到季節性、競爭、消費者喜好和偏好改變等因素的重要，但另一方面，大家也心知

肚明，檢測結果還受到其他因素有系統地影響，因此難免會想再檢驗一次。但這又陷入另一個困境：這一切並非眞正有所收穫，並能轉化成實際行動，只是單純地反覆檢測。這一點留待稍後繼續說明。

▌樣本規模方程式：使用提升度統計量

　　檢測作業一向是從確定樣本規模拉開序幕。主要概念是樣本數要夠大（且具備足夠的變異數），才能有效呈現母體的普遍情況。還記得統計主要採取歸納推理嗎？這就是檢測的目的：抽取少量樣本（以免〔過於高調〕擾亂現狀），模擬母體的情形。這很重要。你必須試著設計出一個概況（和行爲）都像母體的實驗場域。接著，你會在（取樣而得的）實驗場域中展開檢測，找出有效的方法，然後實際運用到母體上，期能產生與樣本同樣的反應。這就是歸納推理的程序。

　　我們必須重新借用常態分布、Z分數和信賴區間等概念。本書最早幾個章節曾一一介紹，所以如果你需要複習一下，請往前找到相關部分。

　　記住，（理論上）常態分布是我們在檢測作業中（最常）使用的模型。常態分布是我們的基本假設，主要有兩個特色。第一，平均數、中位數和眾數都是同一個數值；第二，分布情形會從該數值向外對稱展開。定義上，常態分布的第一個標準差範圍內，會涵蓋68%的觀察項，第二個標準差則在兩側同時增加14%，總計增加28%的觀察項數目，此時覆蓋的範圍達到整體的

96%。請參見圖11.1。接下來，請回想一下什麼是Z分數，其方程式表示如下：

（觀察項－平均數）／標準差

以智商爲例。智商平均數爲100，標準差是15，整體68%的觀察項分布於85到115之間。換個方式來說，智商增加一個標準差，即表示Z分數爲1.00，大於將近84%的母體（34＋34＋14＋1.9）。若Z分數爲2.0，表示涵蓋範圍已超過將近98%的母體？懂了嗎？這正是決定樣本規模和完成整個檢測的關鍵。

所謂樣本，是指母體的子集。即使沒有完整的真正母體，我們還是得假裝有。不然能怎麼辦呢？所以基本上，我們會採取簡單隨機抽樣（SRS），從母體中取樣。但要模擬母體，我們需要多少樣本呢？

圖11.1：Z分數

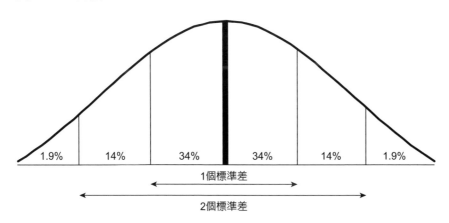

就「試驗設計」而言，樣本規模需考慮變異量，這會影響我們對自身決定的信心。我們要試著保持高度信心，相信我們的樣本規模足夠在檢測完畢後，反映出母體的樣貌，並進而推斷母體的實際情形。舉例來說，假設你先計算母體的平均數，得出的結果是50.0，接著執行簡單隨機抽樣，得到平均數為40.0。這種情形下，你會願意相信樣本已呈現真實的母體情況嗎？我的答案是「或許吧，但這需視變異量而定」。假設你知道母體的平均數是50.0，標準差為25.50，那麼簡單隨機抽樣就可能足以代表整個母體。此時Z分數為負0.392或許就不會顯得**太不**尋常。

因此，關於樣本規模的問題，我建議考慮以下因素：母體的標準差、你希望的信賴水準（以檢測結果能否推斷母體的真實情形）、想檢測的敏感度，以及預期回應。表示如下：

$$n = \frac{4Z^2(r)(1-r)}{(rl)^2}$$

其中n代表樣本規模，Z為信賴水準，r為回應率，而l是提升度指標。舉例來說，假設我們希望回應率為28%，信賴水準達到90%（Z分數為1.64），且測得最低提升度為5%，則每組需要的樣本數為5,566。換個方式來說，若希望在信賴水準90%的情形下，檢定結果可以推論整個母體（理論上，十次會有九次成功），回應率通常能達到28%，且除非樣本與母體之間的差距超過5%（即26.6% － 29.4%），否則不會察覺其中的差異。前述前提下，你總共需要11,131個樣本。也就是說，若要執行A／B測試，每組（實驗組和對照組）分別需要5,566個樣本才夠。

說到這裡，我必須提一件至今仍很常見的蠢事，我時常聽見有人這麼做。關於「我需要多少樣本？」這個問題，答案時常會是「380個」（或是相當接近這個數字的答案）。接下來，我就要說明這個謬誤的由來，並解釋為何這個答案並不正確，甚至稱得上愚蠢。

　　這套「理論」依據的方程式如下：

$$n = \left(\frac{z}{err}\right)^2 R(1 - R)$$

　　行銷人員時常以95%的信賴水準來檢測（Z分數為1.96），並假設回應率為1%，且僅接受1%的誤差，如此計算後，得到的樣本數即為380個。現在思考一下：假定回應率1%，表示380個樣本中，只有3.8個回應。我保證3.8人（好吧，四捨五入算4個人）絕對**不**值得信賴，而且距離值得信任的程度還差得遠！如果行銷人員改稱380是回應數，那麼樣本數基本上就得有38,000，對吧？現在了解這為何荒謬了嗎？

　　我在上文建議的方程式是不是也有相同問題？答案是否定的。在5,566個樣本中，回應率28%表示會有1,558人回應，這樣的規模值得信賴。即使回應率只有1%（信賴水準依然維持在90%，提升度為5%），樣本數會超過200,000，其中會有2,000人回應，這樣的規模對測試來說也已足夠，且值得信賴。因此，請勿相信380個樣本就足夠的說法。更何況，企業怎麼會如此自尋死路呢？

A/B 測試與全因子實驗的差異

接下來，我想快速提幾個極其常見的檢定方法。

A／B測試一向是很常見的方法（有時稱爲「冠軍／挑戰者試驗」），這單純是指將兩個群組（實驗組和控制組）相互比較。我們會隨機選擇參與者放入群組之中，（重點是）兩組唯一的差異（注意到了嗎？唯一的差異）在於實驗組會實施實驗變數，控制組不會。

接著，我們會測量兩組的平均回應人數，要是差距夠大，我們會判定此差異具有統計意義／顯著性。也就是我們可以很有信心地說（通常是95%信賴度），如果以此結果推斷母體，也會得到相同結果，只是規模更大而已。我通常會在回應試驗中使用Z分數：

$$Z = \frac{\dfrac{rA}{nA} - \dfrac{rB}{nB}}{\sqrt{p(1-p)\left(\dfrac{1}{nA} + \dfrac{1}{nB}\right)}}$$

其中$p = \dfrac{rA + rB}{nA + nB}$。信賴水準爲95%的情況下，若此方程式的結果大於1.96，表示A和B的回應率差距在統計上具有顯著意義（而且很肯定，這點相當重要！）。

舉個例子，假設A組中，我們寄出10,000封，收到1,200人回應；B組中，我們寄出5,000封，收到950人回應。rA表示A組的回應，nA表示A組的母體數（rA＝1,200、nA＝10,000、rB＝950、nB＝5,000）。這些數據可計算出Z分數爲負11.53，表示兩組的差距具有統計上的顯著性，亦即在95%信賴水準

下，B組的績效勝過A組。

　　我再提另一個行銷人員（尤其是零售商）頭痛的問題。想要有效計算及監測行銷媒介是否能為企業帶來好處，需設置中立控制組（UCG），也就是有一群消費者必須永遠擯除在促銷之外。人數不必多，但仍需達到統計檢定足以顯著的規模。如果沒有中立控制組的話，就只能檢測一種實驗變數（treatment），並將其與另一種方法比較，但這樣就無法得知行銷媒介是否對企業有利（或有害）。我的意思是，你必須獨立出一群消費者，永遠不對他們推出任何促銷，也不對他們傳遞任何品牌訊息。這就是我所謂的檢定投資。

　　如果你了解（或可預證實）行銷媒介能為企業帶來更多營收，是一件很重要的事（且無人反駁），就需要投注資源經營檢定工作。每次構想宣傳活動時，都至少需設計實驗組和控制組，且控制組為中立控制組。如果你可以推動一項研究計畫，專門探討公司因缺少中立控制組而流失的營收，再比較你對哪些行銷宣傳可真正提升獲利的深入了解，你會發現，投資中立控制組永遠會是明智的決定。別忘了，分析的目標就是為了減少出錯的機率，這一點正是中立控制組的初衷。

職場實例

史考特走進小會議室，心裡明白等會兒要再一次向消費者行銷主任貝琪及其團隊，解釋與上一次類似的概念。每個月開會時，她總會提出一堆與檢定改善計畫相關的想法，並追問一系列郵寄行銷文案所獲致的成果。每個月，史考特都必須不厭其煩地釐清檢定的概念，尤其是「每次只能改變一個檢測因子」這個重點。他曾想過，他可以錄下前一個月的對話，把錄音檔寄給貝琪，開會時再公開播放，這樣或許省事得多。

一行人就座後，貝琪主動提起檢測郵件成效的事，如同史考特所預期。

「我反覆思考了你之前說的內容，整理出這張表格。我們希望找出適合不同受眾的折扣。」她把表格遞給他。注意，折扣只實施一次（請參見表11.1）。

表11.1：檢測不同受眾適合的折扣

A組	95折	購買桌上型電腦
B組	9折	線上專屬優惠
C組	85折	消費超過2,500美元
D組	8折	多買一台印表機

史考特嘆了口氣。「我們之前就曾探討過一樣的議題。像這樣比較兩種消費者，一種稱為A組，另一種稱為B組。要是B組出現較高的回應率或貢獻較多營收，這要歸功於打

九折，還是網購優惠？」

「我認為兩者都是原因。」貝琪面露微笑。

「但檢定的目的是要隔離一項因子，將這項刺激要素量化。」他看著現場的其他人。他們都面帶笑容地點點頭。「我們的檢定計畫不能只有4組，應該要有16組才行，就像這樣。」（他畫出表11.2）

「哇！」貝琪不禁驚歎。「這樣就合理了，不過我們需要的樣本規模會大很多，對吧？」

「沒錯。這稱為『全因子實驗』，可以偵測出所有互動情形。好處在於檢測結果值得信賴，但這需要投入時間和金錢，才能取得適當規模的樣本。這會是一個艱難的抉擇，就像許多事情一樣。」史考特說道。

「好，我們會再重新設計。另外，我也想談一下上個月的檢定結果。」

「好。」

表11.2：分16組檢測不同受眾適合的折扣

	95折	9折	85折	8折
購買桌上型電腦	A組	E組	I組	M組
線上專屬優惠	B組	F組	J組	N組
消費超過2,500美元	C組	G組	K組	O組
多買一台印表機	D組	H組	L組	P組

「這個案例中，控制組的成效勝過實驗組，表示這對試驗對象無效。」

　　「試驗對象是誰？」史考特問道。

　　「以前買過桌上型電腦的消費者。控制組實施9折優惠，實驗組8折。以前，打9折算是標準作法，所以我們想知道8折能創造多少銷售額。」貝琪說道。

　　「聽起來合理。」史考特說道。「但9折的效果竟然會比8折好，這太奇怪了。兩者的銷售額相差多少？」

　　「多了幾乎50%的回應率，這裡是指購買量。」

　　「樣本是隨機選取的嗎？」史考特問道。

　　「對。」貝琪回答。「就我的猜測，我們的目標受眾不需要更高的折扣，這對我們有利。這群消費者很忠誠，不必施加更大的刺激，自然就會購買。話雖如此，我還是有點懷疑。」

　　「我也是。從經濟的角度來看，這並不合理。我們得檢查一下，確定兩邊都只實施一種實驗變數，看看是不是哪裡疏忽了。兩組的規模差不多吧？」史考特問道。

　　「對，相當接近。」

　　「問題是，」克莉絲汀娜接著說：「我們要怎麼確定只用了一種實驗變數？」

　　「怎麼說？」史考特問道。

　　「就我所知，光是觀察這些消費者，而且只看這個月的銷量，並沒有發現什麼異狀。」克莉絲汀娜說道。

　　「上個月主打『印表機免費送』。」

「接著是桌上型電腦搭售方案。」

「由於知道9折活動的消費者人數遠遠超過其他促銷優惠，實驗組中採用9折優惠的消費者，可能也受到了其他因子的刺激，對嗎？」史考特問道。

「我覺得是。」克莉絲汀娜說道。

「如果真是這樣，這一切就說得通了。」史考特說：「9折實驗組可能受到至少三項因子的刺激，不只一個。」

貝琪嘆了口氣。「所以檢定要重做嗎？」

「大概吧。如果我們認為知道是哪個實驗變數提高了營收，是很重要的關鍵，那麼就必須重做。」史考特說道。

「好吧，確實很重要。我們在檢定工作上吃足了苦頭，我是指試驗設計方面，所以重來一次勢必會是一場硬仗。」

史考特看了看她。「我不知道這能不能幫得上忙，但我們或許可以採取多依變數的設計，試著將這個實驗組隔離。」

「什麼意思？」

「我還不是很篤定。或許可以將所有處理方式整合成一個模型，然後讓其他所有條件維持不變，只檢測這檔行銷活動。」史考特說道。

克莉絲汀娜望向他。「你的意思是使用變異數分析（ANOVA）之類的方法嗎？」（變異數分析是一種普遍的統計分析法，可分析群體內部與群體之間的平均數差異。）

「對，雖然我比較擅長從經濟學面向切入，對迴歸分析比較有把握，但有些方法可以同時探究多種刺激營收的來源。」史考特說道。

接著，史考特走到白板前面，畫出表11.3。

表11.3：多來源分析模型

消費者ID	60天鑑賞期	印表機促銷	電腦桌上型價格	8折促銷	開信數	點擊數	網站瀏覽數	來電數	前人評論
X	0	1	0	1	7	3	9	0	1800
Y	900	0	1	1	8	1	5	2	490
Z	0	0	0	0	11	4	4	1	800

「現在，」史考特說：「我們可以把要追蹤的所有促銷活動和因子放進這個模型，檢測所有刺激因子的價值（金額）。」

「要是沒有或無法取得所有資訊怎麼辦？」

「難免會遺漏一、兩項，但務必盡可能從理論及實際因果關係的角度，把所有知道、可以知道的資訊放進去。資訊太多和遺漏重要資訊，往往只在一線之隔。」史考特說道。

「可以再多解釋一點嗎？我不是很懂你的意思。」克莉絲汀娜提出要求。

「從計量經濟的角度來說，只要排除一項相關變數，就會使參數估計值出現誤差，所以我們必須確定所有理論上重要、適當的自變數，都能一網打盡。要是加入不相關的變數，則會增加參數估計值的標準誤差，換句話說，雖然參

數值沒有任何偏誤，但變異量會比正常狀態下更大，而t值（Beta值／Beta值的標準誤差）會偏小。因此，分析師必須盡量設計出理論上無瑕疵的模型，並收集相關資料。」

所有人看著史考特。

「聽起來很理想，」貝琪說：「我們會和資訊部開會討論，收集你需要的資料，到時你可以幫我們彙整嗎？」

於是，史考特把所有資料整合在一起，跑了模型，找出不同行銷活動對營收的貢獻，進而說明其他大多數重要因素。透過這種分析模式，史考特的團隊可以在嚴格界定的檢測環境外，評估行銷活動。雖然每種觀點各有好壞，但史考特的評估法可以將其他（不純淨的）資料問題，確切地納入考量。另外，他的評估結果也能與銷售直接連結，這是Ａ／Ｂ測試無法辦到的地方。如前文所述，經濟學的教育背景在行銷科學領域是珍貴的優勢。

從眾人之中脫穎而出的必要條件

☐ 提醒所有人必須「投資檢定工作」！這通常是指控制組的樣本夠多，足以執行有意義的檢測。

☐ 指出要控制所有變動要素其實很難。簡單隨機挑選只是一種粗略的取樣手法。

☐ 記住試驗設計、A／B測試（冠軍／挑戰者試驗）無助於了解各面向的影響，例如價格、文案或競爭態勢改變所產生的影響。

☐ 堅持樣本規模方程式必須結合提升度。

☐ 對「需要多少樣本？」以訛傳訊的答案（N＝380）一笑置之。

☐ 大聲疾呼所有檢定中，各組只能有一項因素（單一維度）不同。

☐ 建議以一般迴歸說明「不純淨」的檢定作業。

Chapter 12

結合大數據並採取
大數據分析

▋引言

　　一直以來，我試著刻意迴避，因為大數據（沒錯，這是個專有名詞了）隨處可見，無法完全避免。似乎每則社群網站貼文、每次資訊更新、每個部落格、每篇報導、每本書、每份履歷、每堂大學課程，都有大數據的身影，避都避不掉。所以，我安排了一章加以介紹。

▋什麼是大數據？

　　沒人知道大數據確切的定義。以下我會提供2018年尚且成立的定義，但這會隨著時間不斷演進。

大數據很「大」

　　「大」的意思是多，很多很多列，很多很多欄。注意，這裡沒有什麼神奇的門檻，讓我們可以突然宣稱「天啊，我們正式進入大數據的範疇了！」所謂的「大」只是一種相對的概念，而這可以衍生出大數據的第二和第三個面向：複雜度。

大數據是多種來源匯聚而成的結果

　　多種資料來源（不管是傳統或非傳統型）不斷增生，就造了大數據的各種面向。

　　傳統型資料是指：銷售時點情報（POS）系統和行銷媒介回應，所產生的交易紀錄。這類資料已存在數十年。此外，我們也

會製作自己獨有的資料，像是消費間隔時間、折扣率、季節性、點擊率等。

下一步是增加疊合資料和市調資料。這是第三方製作的人口統計和生活型態資料，與消費者檔案相互結合。市調資料與消費者檔案整合後，就可以進一步提供滿意度、知名度、競爭密度等資訊。

接著是第一波新型態的資料：網路日誌檔或點擊流量（clickstream）資料。這種資料類型很不一樣，算是大數據的入門款，也是另一種資料收集管道，與消費者資料整合是截然不同的程序。

還有非傳統型資料。我採取的是整合消費者資料的觀點。就社群媒體而言，要整合個別消費者，涉及了一連串技術或平台相關問題。不過，有好幾家公司研發了相關技術，來擷取消費者的身分資料，包括電子郵件、連結、代碼、標籤等，與其他資料來源相互整合。

這顯然是極為迥異的資料類型，不過我們可以從中知道消費者的好友或人脈數、部落格或貼文活動、立場、接觸點、網站瀏覽情形等資訊。

大數據是多種架構整合而成的結果

大數據可能橫跨不同結構程度。從相當普遍的結構式、半結構式，乃至非結構式資料，都在討論範圍內。結構式資料包括傳統形式的數據，像是我們熟知的類型和長度，屬於相當制式的資料型態。

這種結構式資料之外的項目，全屬於非結構式資料，包括通

話紀錄和無固定格式的意見表達，同時也包含影片、音訊和圖片等形式的資料。大數據可協助我們組織這類非結構式資料。

大數據是寶貴的分析與策略資產

直白地說，資料若不珍貴，很難稱得上是資料，通常會稱為干擾（clutter）或雜訊（noise）。但對我而言是干擾的資料，可能是你的瑰寶。以點擊流資料爲例：URL 裡面蘊藏著豐富資訊。在市場分析師眼中，訪客來自及即將前往的頁面、停留的時間、點擊的項目等，都是具有價值的資料。至於訪客使用的瀏覽器、是否爲動態伺服器頁面，或載入線框圖（wireframe）的時間，對行銷人員就幾乎沒有太多價值（但可能對某些數據科學家至關重要）。

簡而言之，大數據可以產生很多資訊，但同時我們需要具備文字探勘（text mining）的方法或技術，才能將這些資訊轉化成可以運用的形式。大數據的價值在於品質，而非數量。

大數據很重要嗎？

大概吧。如前所述，行銷人員可以藉助多種資料來源，深入洞悉消費者行為。這能提供更扎實的觀點，協助行銷人員確實了解消費和購物過程，因此顯得重要。能確定某一區隔市場相當重視口耳相傳的口碑和介紹產品的部落格，是很重要的一大突破。同樣地，若能知道另一個市場的消費者通常會閱讀產品評價，並看重其他消費者的負評，對行銷策略（和公關！）的價值無疑也相當可觀。

如同二十年前，點擊流量資料為消費與購物行為的研究開啟了新的視野，大數據也為此領域增添了複雜度。由於消費者行為很複雜，因此分析時愈精細愈好。不過，提醒你要注意別犯了「小題大做」的錯誤，或淪為「分析癱瘓」的苦主。請務必聚焦於實際行動！

大數據對分析和策略具有什麼意義？

因果關係是我們評判的依歸。洞見必須具有新意，並能解釋因果關係，且必須能轉換為實際行動。否則，不管資料的規模再「大」，都沒意義。從這個角度來看，大數據的唯一價值在於帶領我們一窺消費者的思維，亦即向我們呈現「消費前歷經的過程」。

就分析來說，這是一種歸因模式（attribution modelling），依行為區隔的結果，對各個接觸點施以加權。策略上，若從產

品組合的角度來看，我們可以從大數據中得知**哪個**接觸點對消費者具有價值。因此，對於那些消費者所重視的接觸點（頁面、網站、網路、群組、社群、商店、部落格、具有影響力的名人等），我們就得多加注意。

大數據的最大差異，在於我們可以檢視更多項目（複雜度更高），這是不容忽視的一點。若是一廂情願地相信，消費者從不歷經一番過程，就會直接做出消費決定，只是把事情過度簡化到可笑的地步而已。舉例來說，如果將3D的地球儀強壓成2D空間（從球體變成平面），格陵蘭大概就跟非洲一樣大。過度簡化會使事實扭曲。消費者行為也是相同道理。我們見到的冰山，其實水平面下的體積（成因）更大，只是隱藏在水中無法看見。

▋大數據的未來

短期內，大數據不會從這個世界消失，未來我們會愈來愈擅長處理大數據。這是一門與科技更緊密相關的學問，而非全然只是分析法。雖然大數據的概念已出現幾十年，但一直到現在，受惠於軟硬體和分散式處理（大數據架構Hadoop）的發展，大數據才真正跨入分析領域。

這種新資料不需要新的分析技術，不過或許會發掘及使用更多新奇的演算法。這種新資料不需要新的行銷策略。行銷依然會是行銷。了解消費者行為並適時提供誘因，以改變消費者的行為模式，依然會是行銷人員的工作。

▋安然克服大數據恐慌

下列這些說法，你聽多少人說過？

- 新型態資料、截然不同的資料，就是大數據！
- 快，全體動員，有不同的資料來源了。
- 拋棄我們對分析、消費者行為和行銷策略的認知，從頭來過。
- 這是新的資料來源！舊方法顯然必須淘汰，現在要不顧一切地設計新演算法，擬定全新策略。

很耳熟嗎？多少會議上，在場的與會者搖頭興嘆，眼中充滿恐懼與驚慌？沒人知道怎麼處理這種（非結構式的）新資料。從現在開始，請停下手邊所有工作，集中全部注意力，因為要了解消費者行為，還有其他資料來源。

深呼吸。請容我坦承幾件事。第一，我在市場分析領域打滾已將近三十年。（連我自己都難以置信！）

一直以來，（新）資料不斷出現，這種情形還會持續下去。1970年代，關聯式資料庫問世，以階層形式分類資料。到了1980年代，商業智慧（BI）崛起，那是我開始從事分析工作的年代，我們首次將銷售時點情報（POS）系統資料與行銷媒介回應相互結合。那還是小數據的時代，當時我們甚至認為RFM模型的分析強而有力！

在此之後，我目睹了第一波恐慌。業界爭相尋求其他解方，像是田口方法（Taguchi method），但這是製造業測量無生命物體的一種方法！除了有誤導之嫌，也不適當，但似乎很受歡迎。

新的資料來源需要新的處理法，所以我們在實際案例中親自測試，結果一無所獲，只是增添疑惑。

1990年代，全球資訊網和網際網路問世，媒體類資料應運而生！點擊流量資料出現了，這是一種研究消費者行為的新資料類型。我們自然而然認為，需要新的演算法和新的策略。不過，我們忘了這還是行銷，這些資料依然代表消費者行為。類神經網路（neural networks, NN）風靡一時，這股風潮至少延續到《侏羅記公園》上映，片中飾演科學家的傑夫·高布倫（Jeff Goldblum）為這耳熟能詳的名詞取了新的名字：混沌理論（chaos theory）！接下來十年間，我不斷聽說各種非監督式的技術、巫毒、黑盒子之類的事情，彷彿是以探尋神祕主義為目的，而非追求務實的精闢洞見。不如到SAS Enterprise Miner的網頁尋找實用資源吧！所幸，直效行銷協會（Direct Marketing Association）的大衛·舍非德在他的網站上發出懸賞，要是有人實際使用非監督式技術獲得比傳統計量經濟學更優異的成果，就能領取獎賞。結果，那份獎賞未曾送出。

我的意思並不是數位資料與傳統型資料的差異不大。我喜歡點擊流量資料，我可以從中知道消費者瀏覽過哪些頁面、停留時間、瀏覽順序。這種追蹤消費者行為的方式相當引人入勝。新的社群媒體帶動了一股有別以往的風潮，促使行銷方式從推廣式行銷（outbound marketing）轉變成集客式行銷。車載資通訊系統（telematics）、感測紀錄資料、文本、時間、定位資料、無線射頻識別系統（RFID）也都一樣。這全是不同類型的資料，但為何需要使用新的統計技術呢？他們的目標依然還是將因果關係量化，不是嗎？

直至今日，消費者依然展現各種行為，他們仍然購物、選擇商品，最後買單，對吧？我呼籲將傳統技術重新運用到實務分析，套用到不同類型（傳統與非傳統）的資料。

　　有必要時，我並不反對使用新演算法，不過通常會覺得不需要。接下來，我會簡短列出幾種「新奇」的演算法。其實，我會很理智地反對這些新技術背後隱藏的許多概念，是因為其目的幾乎是要將分析師的角色從分析過程中驅逐。一切都將自動化執行。或許我太老派，又有點固執。某個大型機構的全球策略長曾告訴我，我以前熟知及相信的事物不再舉足輕重（現在，這位策略長換了新工作，進入一個規模遠遠比不上前東家的組織）。

　　請聽我說，額外握有不同型態的資料至少有個好處。這能帶給我們嶄新的視野，更進一步了解消費者行為。就市場分析師而言，這絕對有益無害。在適當的情況下增添額外的複雜度，是正確的努力方向。過度簡化反而才是錯誤作法。總之，增加新的討論面向（複雜度）必定有其價值。

　　我們不需要遍尋各種新奇的演算法，或是衍生出迥異的策略。我們只需擁抱有關消費者行為的不同層次資訊，在分析時將所有相關因素納入考量。對於此事，我們早就擁有相關的分析技術（存在好幾十年了），像是聯立方程式、結構方程式、向量自我迴歸等。沒錯，現今面臨的情勢更為複雜，這正是我們應當努力之處，亦即設法將模型調整到臻至完美的狀態，使其足以解釋更複雜的消費者行為。畢竟，行銷的目的（始終）在於理解消費者行為，並適時提供誘因以改變其模式。即便又出現另一波新資料浪潮，這一點依然不會改變。

大數據分析

　　我想特別釐清一個主題：大數據分析。在一堆大數據的科技術語中，我們很容易迷失方向。簡略來說，分析師會經歷以下階段：

1. 界定問題。
2. 收集資料。
3. 套用演算法。
4. 產生／實施結果。

　　情境換成大數據後，第一階段會有什麼不同嗎？大概不會。問題一樣沒變，還是行銷人員試圖寄送行銷資料給消費者，鼓勵消費者掏錢買單。不管是否納入、使用或存取大數據，第一階段都不會改變。

　　第二階段的確需運用某些大數據相關工具、程序和技術（例如，MapReduce、Hadoop 等），甚至還需要某些文字探勘程序，將非結構式資料轉換成結構式資料，因而有必要動用自然語言處理程式。

　　大數據非得採用不同演算法，才能達成我們的目的嗎？如前所述，我還是認為**沒必要**（至少截至目前為止是如此）。一般迴歸就行得通，邏輯迴歸也能解答許多問題，市場區隔也是適合的方法。至於第四階段，我倒是建議可以同時採用幾種大數據工具。

　　就以分析法解決企業問題的情境來說，問題界定和分析工作

即使完全不採用大數據技術和程序，一樣可以完成。我一直試著
畫出一條界線，說明科技不應與問題和分析本身混為一談。你有
權利不同意我的看法。

　　儘管如此，我還是願意介紹幾種較常見、較有潛力的新穎
（或新奇）的演算法，試著為市場分析師提供一些可運用的工具。

▌大數據：新奇的演算法

　　以下簡短介紹幾種主要的熱門技術，這些技術尤其適合處理
非傳統資料。這裡暫且不詳細說明每種技術的使用方式，相信專
門介紹技術的教科書不下上百本，足可彌補本書的缺口。我的用
意只是簡單列舉、指引方向，協助有興趣的讀者進一步探索。

　　本書前幾個章節中，我們將廣義的統計分析技術區分成兩大
類型：依附方程式類型（一般迴歸、邏輯迴歸、存活分析模型
等），以及相互關係類型的分析法（市場區隔、因素分析等）。

　　以下演算法使用的語言進一步擴展了前述定義，共區分為監
督式學習、非監督式學習和強化學習：

● **監督式學習**：有一個引導（目標）變數，而目的就是預測該
　變數。這類技術包括迴歸和分類類型的方法，例如決策樹
　（decision tree）、隨機森林（random forest）、K 最近鄰演算法
　（K-nearest neighbour）、邏輯迴歸等。
● **非監督式學習**：沒有引導變數。市場區隔和降維（dimension
　reduction）類型的方法都屬於此類，例如集群分析、類神經網

路、因素分析等。

● **強化學習**：主要運用人工智慧（AI），在演算法中融入回饋迴圈。類似馬可夫鏈（Markov）的處理程序，一般都可歸於這類技術，例如Q-learning。

　　「新奇」演算法的整體概念（相較於之前討論的「傳統型」演算法）是：憑藉更多資料維度，提供更多面向的分析洞見，且**可能**需動用不同精密技術。這些技術可能會更加非線性、牽涉更多維度，研究相互關係的成分減少。以下談談三種值得留意的新興分析技術。

類神經網路

　　從技術面來看，截至目前所介紹的方法都屬於迴歸或分類屬性，具線性本質，可表示為 βXi，其大多僅涉及明顯的變數。也就是說，變數就是該方法要量測的項目。除了這些類型之外，還有一種非線性的技術（假定使用潛在變數），稱為「類神經網路」。舉凡依變數類型及相互關係類型的技術（分類形式），都可使用類神經網路。

　　類神經網路分析是透過一層一層的「神經元」輸入資料。這會從輸入的資料中尋找模式，找到模式後，才會觸發下一層。此過程會建立起關聯性連結，並持續到收斂，且類神經網路足以產生預測結果為止。

　　類神經網路技術常見的使用方法為：「設定輸入變數、隱藏變數和輸出變數，並以節點連接」（請參見下頁圖12.1）。每個節點會與所有輸入和輸出變數相連，因此會形成三層：將輸入變

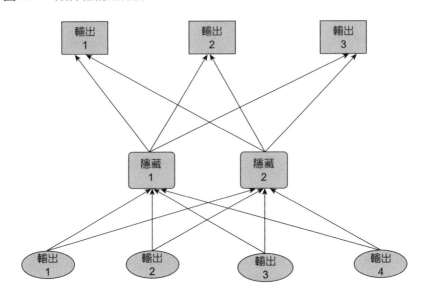

數的輸出資料餵給隱藏變數，隱藏變數的輸出資料再餵給輸出變數。

以概念來說，每一層都是一個模型系統。類神經網路技術會訓練每一層預測下一層，可能非常擬合（fitting），有時甚至會過度擬合（over-fitting）的模型。

類神經網路技術的缺點是電腦設備所費不貲，且可能備受過度擬合之苦。訓練資料集為何如此困難，原因就在此。類神經網路可能會產生其他變數，通常會有交互作用，不過這可能很難解釋。類神經網路有其獨特之處（以電腦提供觀點、自動執行、植入人工智慧等），但就市場分析師的立場來說，這對了解模型所要呈現的系統沒有幫助。這種方法或許可以很精確，但幾乎不具推斷能力。

圖12.2：支援向量機範例

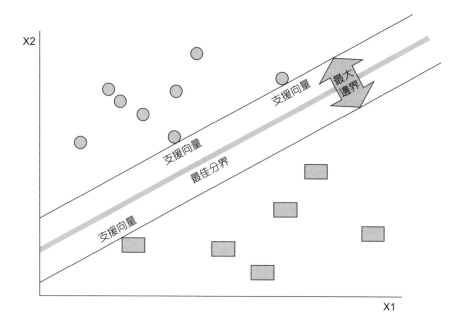

支援向量機（SVM）

　　支援向量機（support vector machine）是決策科學中的判別分類機制。換句話說，其目的是要將資料分組成最佳狀態。概念上，請想像一個平面（參見圖12.2）。假設最靠近邊界處有幾個資料點，這些資料點就是支援向量。在這些支援向量的協助下，我們的目標是要找出最理想的界線。從界線到最近資料點（支援向量）的距離（邊界）只要達到最大值，表示該界線的位置最理想。要找到這條界線，需藉助拉格朗乘數（Lagrange multiplier）來達成。

雙重（二次）最佳化有兩個問題：在正有限區間的限制條件（positivity constraint）下極大化，以及等式限制（equality constraint）。極大化的目的在於找到最理想的分隔線，而等式限制則是不能有任何訓練點（支援向量不得位於邊界內）。

隨機森林

隨機森林是集成模型（ensemble model）的一種。（由於網飛〔Netflix〕之類的服務競相打造最卓越的影片建議引擎，因而有了名氣。最後勝出的模型就是一種集成方法）。隨機森林可將多種技術（市場區隔、迴歸等）整合成一個超級模型，最後挑選所有模型的預測交集，做為結果輸出。

整體來說，隨機森林的概念就是種植許多（分類）樹，「森林」的名稱就是由此得名。每棵樹就像卡方自動交互作用偵測一般，透過案例隨機取樣逐漸茁壯，並使用輸入變數逐層分割（解釋）變數（建立節點）。此程序會透過挑選不同輸入變數來反覆進行，最後將所有結果彙整在一起。要注意的是，決策樹並非一般集成模型中的唯一方法。

從理論面來說，整合模型為何有價值？因為它有可能減少錯誤發生。套用控制理論的說法，錯誤來源可分為兩種：一般原因和空間原因。各模型分析法擅長的面向不同，有些可能較適合處理一般原因（固有偏誤、變異量等），有些則適合說明空間原因（隨機性、異常值、具影響力的觀察值等）。

. . .

結論

　　一般而言，新資料來源不需搭配新的分析技術。本章為因應大數據興起，簡單概述了幾種比較熱門的技術。

檢核表　　　　　　　　　　　　　　　已達成 ☑

從眾人之中脫穎而出的必要條件

☐ 別驚慌。

☐ 熟記大數據的定義：多種資料來源及資料類型，可能包括影片、音訊、非制式形式的文字等。

☐ 記住，新資料型態**不一定**需要動用新演算法。

☐ 欣賞大數據帶來的複雜度，以及對消費者行為的額外洞見，亦即戴上行銷人員的專業眼鏡，跳脫資料庫分析師的既定立場。

☐ 體認傳統的計量經濟方法依然足以解決大部分市場分析問題。

☐ 了解多種新演算法已日趨熱門的事實，包括類神經網路、支援向量機和隨機森林。

Part 5

結論：市場分析的
最終目的

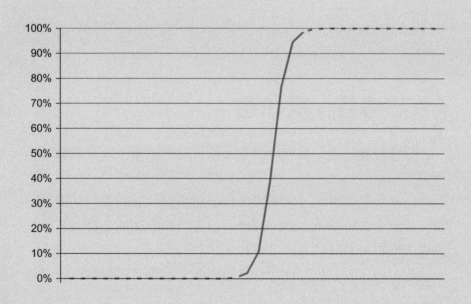

Chapter 13

最終章
你應該從本書學到什麼？

- 我想傳遞什麼訊息？　　296
- 本書還想帶給你哪些啟發？　　305

▌我想傳遞什麼訊息？

寫著寫著就到了最後一章。希望你有所收穫，甚至還能樂在其中。

我希望能告訴你，企業界市場分析所應注意的重點。說白一點，重點不在於技術方面的眉角，而是行銷的功能、目的，以及這些功能和目的所代表的重要意義。

我知道，要是我們從企業界隨機挑人詢問：一想到市場分析

師，你會怎麼形容？

大多數人會回答：默默付出的幕後功臣。

這是事實，我知道。我們處理實際資料、我們會評估行銷活動的成效、我們可以預測，行銷無疑是整個公司中最吸引人的工作。但其實，我不希望市場分析師在他人心中是這種形象。我希望這本書（以及其他許多類似的書）可以扭轉大家的想法，將我們的功勞定位在「將因果關係量化」。

我們可以用「A造成B」的方式看待事情，像是此變數（價格）改變了另一個變數（銷量），而最重要的是，我們還能將此現象量化，再藉助行銷策略的力量轉化成實際行動。總而言之，我們可以將因果關係量化。

我不希望聽到「相互關係不等於因果關係」，因為相互關係不是我們的重點。我們其實很少談論相互關係。格蘭傑因果關係（Granger causality，經濟學家克萊夫・格蘭傑〔Clive Granger〕所創）指出，如果變數X比變數Y更早發生、變數Y並未在變數X前發生，且如果移除變數X，預測的準確度就會下滑，這些條件成立的話，代表X是導致Y的原因。如此一來，我們就能斷言兩者之間存在因果關係。

我希望能利用親身經驗，與你分享幾點收穫。因為經歷過這些事，我才明白應該將心力集中在重要的事情上，但願你也能有相同的啟發。

事件一：免費送鞋

我的第一份工作是在鞋店賣鞋。當時我只有十六歲，總覺得三十歲以上的顧客很無趣，因此會與他們甚少接觸，可說是再自

然不過的發展（那時是 1970 年代中期）。

有一天，老闆出外洽公，只剩我和班恩顧店。班恩是兼職的銷售人員，他和老闆一家人有好幾年的交情。當時的他年過六十，已進入半退休狀態。

一位女顧客上門，牽著兩個剛會走路的小孩。當時班恩在櫃檯，那名女顧客把一雙鞋子交給他，說是繫帶壞了。班恩回答說會幫她換一雙新的。我立刻發現，那**並非**我們店裡賣出的鞋。那位女性即將免費獲得一雙新鞋，而這一切只因為銷售人員一時糊塗。那個當下，我沒辦法即時引起他的注意，向他解釋情況。班恩給了她一雙新鞋，而那位女客人也幫她的一個小孩買了一雙鞋。她付帳後走出店面，班恩微笑著跟她揮手道別，這一切就發生在我的眼前。

我走向他。「班恩，你在幹嘛？那不是我們的鞋子！」

「你是說拉絲慕女士嗎？」

「對，你免費送了她一雙鞋子！」

「我認識她。她是老顧客，生了五個小孩，每次都來店裡買鞋。」

「但你**送給**她一雙鞋。」

他注視著我。「沒錯。要是我告訴她，那不是我們店裡的鞋，她一定不會同意，然後不高興地走掉，以後或許就不會再來，或許也不會幫小孩買鞋。我的確是送了她一雙鞋，但我也賣給她一雙鞋，同時確保她離開時心滿意足，日後會再度光臨。」

我倒抽一口氣。「這樣啊……」相較之下，我顯得冷酷無情。

那次，我以小心眼的氣度從旁目睹一切，從中學到了寶貴的

經驗：真正的聰明人永遠懂得以顧客的需求至上。不能從財務的角度判斷「對錯」，真正能延續商機的關鍵，在於以顧客為中心的思維。那次經驗大概可以解釋為何我後來選擇從事行銷工作，因為這就是一門（應該）以客為尊的學問。

這麼說的話，顧客永遠都是對的一方嗎？當然不是，請回顧一下前面的章節。顧客有可能不講理。記得蓋瑞・貝克（Gary Becker）的非理性需求曲線嗎？（1962）不過，彼得・杜拉克認為，企業的目的是要吸引並留住顧客，這樣懂了嗎？**留住**顧客。這代表我們需要了解顧客，使用分析來達成這項目的。總之，那次的經驗告訴我一件事：**以顧客為中心永遠是正確作法。**

事件二：需求模型與市場

剛踏入職場時，我在一家電腦製造商擔任分析師。同時我也在攻讀博士學位，事實上，那時已經進入寫論文的階段。我的論文使用了一種相當新奇的數學方法，稱為「張量分析」（tensor analysis，較常見於物理及工程領域，行銷及經濟領域較少使用），目的在於建立多維度的需求模型。我的研究備受公司主管賞識，雖然他的專業不是很偏分析取向，但極有策略眼光。他願意帶著團隊向上司毛遂自薦，就是最好的證明。

總之，他和企業執行長（位階比他高三個層級）約好見面時間，打算向他介紹我的博士論文。我的論文並非研究流形張量（manifold tensors）的微分幾何，而是從電腦製造商的立場出發，探討如何更準確地預估市場需求。

這場重要會議在五個星期前就正式敲定，我們有充足的時間可以從容不迫地準備！那次與執行長面可謂意義非凡，但我對

自己說，盡力就好！所以，我們（我的主管鮑伯和我）努力製作PowerPoint簡報，花了好幾天的時間琢磨用字及製作圖表，試著以電腦需求的實際案例，做為整份簡報的核心。公司人資和執行長的祕書甚至讓我們在他們面前演練一次。最後，一切終於準備就緒，與執行長約定見面的時間總算到來。

我們走進他有如博物館的辦公室，玻璃、黃銅製品和大理石隨處可見，極為氣派，簡直是企業中的神殿一般高尚。

「今天，」我的主管鮑伯開口說道：「很感謝您願意撥冗與我們見面，麥可想向您展示一個很有趣的電腦模型。交給你了，麥可。」

我清了清喉嚨，指向投影螢幕。「需求一般是指銷量，通常會以多項因素組成函式來表示，其中包括價格。其他所有條件需要保持不變。」

「鮑伯，」執行長說道：「伺服器市場競爭激烈，我們該怎麼勝出？」

「什麼？」我注視著他。

「那個，」鮑伯支吾其詞：「我們有幾點想法。」

接下來的四十五分鐘，鮑伯和執行長全程談論伺服器的市場現況，以及公司的競爭廠商。最後，我們和執行長握了手，離開了他的辦公室。

那次的經驗告訴我一件事：**要獲致成功，務必全神貫注於真正重要的事務上，尤其是那些位階高過你好幾個層級的上司認為重要的事。**

事件三和四：分析結果的真實性

　　這個事件很重要，只要是從事行銷科學的人，一定都曾經歷過，不是從事行銷的人通常也會對此相當好奇。這件事就是修改數據、編輯輸出檔案及調整結果，讓最後的成果（更）貼近直覺。

　　這是行銷科學的弱點。我知道其他部門的人難免會好奇，想知道我們是否對數據動了什麼手腳。我們是不是自己捏造了數據？

　　最近有位客戶跟我分享一名業界顧問的事，那名顧問當時準備預測某檔行銷活動的成效。他估計行銷活動可促使銷量成長16%，而這項成績會遠遠**超過**之前所有行銷活動。面對如此輝煌的成績，那名顧問並不確定背後真正的因素。那位客戶不太相信顧問的預測，因此向顧問坦承他的懷疑立場。後來，顧問反過來詢問銷量應該成長多少才合理，客戶回答，預測值的十分之一。隔週，顧問提出修正後的估計值：2%，約略是上次預測的十分之一。現在我要告訴你，在確實完成分析的前提下，不可以在模型預測16%的情況下，因為現實考量而逕自下修到2%。

　　這是我遇見的案例中，唯一一個直接從分析結果下手的例子。順帶一提，那位客戶還是不相信這個結果（他不信任分析本身），最後也把顧問炒魷魚了。合情合理。

　　那麼，我們可以修改輸出檔案嗎？答案是不可以。不能這麼做。這不僅牽涉到知識的完整度（intellectual integrity），也是一種粉飾太平的行為！修改數據的事實隱藏不住，擅自修改結果的行為也不可能永遠不被發現。

　　換句話說，你的行徑會曝光，別人終究會知道你在結果上動

了手腳。從此以後，你的信用將蕩然無存。相信我，紙永遠包不住火，事跡（最後）一定會敗露。因為數據之間緊密關聯、環環相扣，變數間相互搭配，才能呈現實際的完整面貌。牽一髮而動全身，改了一處，其他數據就會兜不起來。不過，這並不代表你需要大肆宣傳。你可以在說明時主動強調，或引導對話讓他人注意到這個事實。

印象中，我犯過最嚴重的錯其實異常簡單，但代價相當龐大。那時我是資料庫市場分析師，職責是建構模型，列出最有可能購買商品的消費者名單。我們在一個月內寄出超過一百萬份目錄（單位成本大約是0.4美元）。

當時我開發了一個邏輯迴歸模型，依購買機率幫資料庫評分，然後在SAS程式中跑proc rank指令。我的工作是要找出最高的三個十分位數。跑完指令後，我拿到標示了0到9分的分析結果，其中0表示最高的十分位數（即最佳結果）。只不過，我不小心選中了第7、8、9個十分位數，也就是分析分數最低、最不理想的客群。雖然這些是（編號）最大的十分位數，但評分並非最高。

總之，那個月的行銷活動成效不佳，所以我又寄了另一封信，告訴大家我已著手建立新的模型，下個月的情況應該會有所改善。我打算先發制人，讓同事知道我很努力想要解決問題。他們看到的是一個試圖改進的我。下一個月需要提交分析結果時，我跑了同一個模型，但這次我挑選了第0、1、2個十分位數（最佳分析結果）。那個月的行銷活動成效很棒，同事紛紛恭喜我成功改良模型。當然我的團隊知道，從頭到尾只有一個模型，只是我挑選了正確的十分位數而已。那次經驗的重要收穫：工作要小

心謹慎，坦蕩無欺，（必要時）誠實面對。

　　早期剛出社會時，我還有另一次與需求評估相關的經驗。我的工作是要預測來電量，並根據此資訊，設立不同客服站點，以平衡工作負載。當時公司已決定興建新的客服中心（位於佛州），集中接聽所有來電。公司買好了土地、開始大興土木，也開始聘請員工。最後，終於有人想到或許應該預估一下，了解到底會有多少來電量，亦即評估需求。

　　相關工作於是展開，我的主管是備受尊敬的資深計量經濟學專家，而我們的工作就是整理出需求相關數據。所有人都知道，公司接聽顧客來電的需求龐大，但我們必須具體了解真正的規模。因此，我開始收集相關數據、總經和個經變數，以及競爭對手、新產品、時間序列趨勢等各種資料。結果，我得到的預估需求很低，遠低於公司預期。這結果令人難以置信，於是我又重新檢查了一次。模型的預測結果，其實還不到新據點所能處理的需求一半。

　　我和主管開會，共同檢視了所有細節，最後只能假設，在最理想的情況下，需求量最多也只會達到60%。我們把預估的數據交給地產團隊，他們出於禮貌向我們道謝之後，依然繼續興建客服中心，員工的招募工作也馬不停蹄。一年後，客服中心終於關閉，來電量無法支撐實際營運。

　　遇到這種情況，將模型的預測結果直接加倍，是不是簡單得多又能皆大歡喜？況且，若能做出大器的預測，雖然與實際情形不符，但能大幅拉升需求的預測結果，讓一切簡單俐落，對吧？那次經驗中，我們直接交出真實的預測結果，坦承以對，表明市場對客服中心的需求保守，算是最不近人情的處理方式。

如果當初我們擅自修改數據，就會犯下愛因斯坦所謂的「生命中最大的錯誤」（當然，我不是自比為愛因斯坦！）。愛因斯坦的相對論指出，宇宙因為重力的關係，理應處於擴張（或收縮）狀態。由於沒人相信（包括愛因斯坦本人），他在方程式中加入「宇宙常數」，等於在數學層面移除了宇宙擴張的假設。幾年後，哈伯望遠鏡發現宇宙的確不斷膨脹。在這個事件中，愛因斯坦確實擅自調整了結果！這給我們什麼啟示呢？如果連愛因斯坦都坦承這是不正確的作法，我們當然必須引以為戒。千萬別擅自修改分析結果。

本書還想帶給你哪些啓發？

制定執行計畫！

即便是世上最出色的分析，要是不將結果付諸執行，也是白搭。在我完成分析、取得結果，並製作成 PowerPoint 簡報，向他人解說內容及用途後，時常會有人向我反映，說我的分析太過「前衛」，沒人理解其中的意義，也沒人知道如何實際運用。一般來說，我的工作性質只要完成專案，提交結果，就算善盡職責。希奧多・李維特（著有〈行銷短視症〉一文，一般認爲是他將行銷提高到自成學科的境界，不過這點仍眾說紛紜，尙無定論）曾經說，人們要的不是一吋的鑽頭，而是能鑽出一個一吋寬的孔。我常費盡唇舌解釋鑽頭的優點、鑽頭引人入勝的細節和規格、鑽頭怎麼鑽出洞，以及如何挑選鑽頭等，諸如此類的旁枝末節，也常爲此感到愧疚。我需要聚焦於需求本身，而非工具。因此，分析工作完成後，我建議採取以下措施。

編寫戰略使用案例。彙整分析前和分析後的情況，並比較有無套用分析的結果。

運用眞實資料妥善訓練員工或許是個不錯的方法。設計模擬情境或善用舊資料，示範分析的執行程序。你可以設計追蹤報告，將重點聚焦於新的指標。這份報告應該列示資料、資料庫的評分結果，以及新洞見所傳達的策略意義。盡力去除抽象的黑箱程序，因爲分析不能像巫毒一樣神祕難解。

召集相關人員，討論各自需努力的目標（尤其是獎金多寡需要由此決定的相關人員）。展示新的分析程序會如何直接影響這

些指標，然後定出延伸目標。我時常發現，業界在這方面的標準很低。大多數企業（甚至是《財星》〔Fortune〕雜誌評選的全球百大企業）對營運現況了解甚少，對顧客或競爭對手的認識不夠深入，甚至一無所知。企業的行銷策略通常和亂槍打鳥沒什麼不同，四處燒錢，期待市場能給予最好的迴響。事實上，只要幾個精心籌畫的分析專案，就能開創截然不同的新局面。要在行銷部門成為亮眼的明日之星，並非遙不可及。

應該設定一段時間（像是30天、90天、180天等）固定開會，檢視工作進度和完成事項。你身為顧問，責任是回答客戶的疑問，確保工作模式能正常運行。

設立實驗組和控制組是很常見的作法，所以請你務必也這麼做。別忘了，所有人都希望檢測分析結果，但幾乎沒人知道怎麼妥善設計統計檢定。

設法讓分析成為更多部門和資深人員的中心思想，盡量在更多決策者面前呈現分析成效。避免談論分析的技術層面，多多著墨於分析所衍生出來的結果指標（通常是財務方面的數據）。與其提到t值為正數且具顯著性，不如告訴他們下一季的淨利潤可以提高2.5%。他們必定會甘心放下手機，專心聆聽。

修讀變態心理學相關課程，或閱讀幾本相關書籍

要在企業界成功，除了技術能力之外，更取決於你與他人合作、共同完成必要事務的能力。本書始終在介紹相關工具，但你也需要了解如何與人共事。每個人的個性不盡相同，同一套方法不太可能適用所有人，況且人還會隨著時間改變。

職場上，行為往往都是出自恐懼或貪婪。不妨尋找公司上位

者與部屬的主要行事動機。一般而言，位階較低的同仁會以技術為導向，通常需要配發工作清單給他們，加以管理。隨著職級愈升愈高，技術層面的比重會隨之減少，策略能力反而日漸重要。換句話說，位階較低的同仁一般是由恐懼所驅動（工作完成了嗎？工作做對了嗎？會被罵嗎？），而位階較高的人則是以貪婪為取向（他們負責管理組織，希望能爭取獎金、福利，甚至是新聞能報導他們的功績）。一旦升到更高的位階，恐懼會再度成為驅動行為的動機，因為任何過錯都可能需要他們出面承擔。

所以，你需要與共事的人（尤其是部屬）建立一定的交情，這樣才能知道他們是否遭逢離婚、親子衝突、用藥問題，或只是偶爾行為有點失控。有些人喜歡調薪、時間彈性勝過職位晉升，擁有更高的頭銜；有些人喜歡與你一對一面談事務，而不是整個部門帶出公司，強迫參加凝聚情感的活動（不是所有人都愛打保齡球或漆彈！）。總之，請記得投注心力，好好認識周遭共事的人。

消費者行為足可預測

行銷科學的功用在於量化因果關係，亦即衡量某一變數對其他變數的影響，也就是預測消費者行為。

以氣象預測人員為例。每一天，他們都會預測隔天的天氣，但也常常預測失準（或許已經夠準確，但我們還是時常開天氣預測失準的玩笑）。氣象學家擁有數十年的氣象數據，並使用大型電腦建構模型。他們處理的資料包括露點溫度（dew point）、氣溫、風速、氣壓、降雨（雪）等。換句話說，他們處理的對象是無生命的現象，即使如此，他們還是無法百分之百準確！

行銷人員通常只有幾年的數據可以分析。我們使用一般電腦，幸運一點或許會有伺服器可以利用。而且，我們處理的是不理性、有生命的消費者。這樣相比之下，我們「正確預測」的機率簡直趨近於零。

幸好，本書介紹的各種分析法能有所幫助，而且準確分析的頻率也夠高，常常足以影響企業的財務績效。說到這裡，到底模型要多準確才叫理想呢？我曾遇過一個經理，他因為模型並非100%精確而放棄這項工具（這實在太令人匪夷所思了）。

我喜歡引用人類眼睛演進史的比喻。幾百萬年前，我們的祖先還無視力可言，時時處於慘遭獵捕的高風險中。有一天，基因終於發生突變，人類演化出「眼芽」（eye bud），雖然還無法完全看清楚，但已能在黑暗中感受光線，偵測前方移動的影子。我認為，這樣的器官功能雖離完美尚遠（還不是100%健全），但這種洞察能力（呼應本書時常強調的洞見）已足夠讓人類做出更明智的決定。從此之後，視力的敏銳度不斷隨著時間發展、成長，直到現在，我們至少可以「看見」眼前的大型生物、辨識光明和黑暗，且尋找食物的工作也比以前簡單輕鬆不少。我想，擁有這樣的視力，已足夠我們存活下來。

因此，既然我們經歷過這麼多阻礙、做了這麼多努力，請為自己樹立遠大的目標。

業界標準沒有想像中那麼遙不可及。千里之行始於足下，只要腳踏實地，必能達成目標！

名詞解釋

◎ 1 劃
Z 分數：描述觀察值距離平均數多少個標準差的一種度量值。
一般迴歸：一種統計方法，其中依變數取決於一或多個自變數（以及誤差項）的變化。

◎ 3 劃
中位數：奇數個觀察值中，位於正中間的觀察值；若有偶數個觀察值，則為中間兩數值的平均數。

◎ 4 劃
分層取樣：依其他數據的分布情形來選擇觀察項的一種取樣技術，這能確保樣本中該特定數據的觀察項夠多。

◎ 5 劃
市場區隔：旨在將市場分割成子市場（sub-market）的一種行銷策略。這些子市場中，每個單位成員之間的某些面向極其類似，但與其他所有子市場的單位成員則大相逕庭。行銷策略中，這是一種將母體切分成子市場的方法，目的是要挑選更適合的行銷市場。
平均：集中趨勢最具代表性的量數，**不一定**是平均數。
平均數：平均數是一種敘述統計方法，也是集中趨勢量數，計算方式是所有觀察值的總和除以觀察值的個數。

◎ 6 劃
全距：表示離散或分布情形的量數，計算方法為最大值減最小值。
共線性：衡量變數之間關聯程度的一種指標。
共變異數：兩個變數的離散或分布情形。

◎9劃

相關係數：描述相關程度與方向的變數，計算方式為「X和Y的共變異數」除以「X標準差與Y標準差的相乘結果」。

◎11劃

眾數：出現次數最多的數值。

設限觀察值：狀態未知的觀察值。這通常是尚未發生或因故無法掌握的事件。

◎12劃

提升／增益圖：協助解讀模型執行成效的視覺化工具，以十分位數為單位比較模型的預測能力和隨機情形。

最大概似估計：一種估計手法（相對於普通最小平方法），目的是透過觀察某個樣本，尋找可將概似函數最大化的估計式。

◎13劃

試驗設計：以歸納方式建立統計測試，其中採用的刺激因素會隨機考量變異數、信賴度等不同條件，並與控制組對照比較。

過度取樣：強制提高特定數據代表性的一種取樣手法，使其樣本數比隨機取樣更多。若簡單隨機取樣產生該特定數據的數量太少，即可採取過度取樣。

◎14劃

需求具有彈性：需求曲線上，輸入變數改變會導致輸出變數產生更大的變化。

需求無彈性：需求曲線上，輸入變數改變會導致輸出變數產生較小的變化。

◎15劃

彈性：無關規模或維度的一種指標，亦即某一輸入變數的百分比變化，會

導致輸出變數產生多大程度的變動。

標準差：變異數的正平方根。

標準誤差：樣本標準差的估計值，算法是：樣本標準差除以觀察項個數的正平方根。

◎ **17劃以上**

聯立方程式：一種超過一個依變數類型的方程式，通常會共用多個自變數。

簡化方程式：計量經濟學中，以內生變數為解的模型。

變異數：一種分布量數，計算方法為：每一觀察值減平均數後平方，加總後除以「觀察值個數減1」。

參考書目與延伸閱讀

Ariely, Dan (2008), *Predictably Irrational: The hidden forces that shape our decisions*, HarperCollins

Bagozzi, Richard P (ed) (1994), *Advanced Methods of Marketing Research*, Blackwell

Baier, Martin, Ruf, Kurtis and Chakraborty, Goutam (2002), *Contemporary Database Marketing: Concepts and applications*, Racom Communications

Becker, Gary (1962) Irrational behaviour and economic theory, *Journal of Political Economy*, 70 (1), pp 1-13

Belsley, David, Kuh, Edwin and Welsch, Roy (1980), *Regression Diagnostics: Identifying influential data and sources of collinearity*, John Wiley and Sons

Binger, Brian and Hoffman, Elizabeth (1998), *Microeconomics with Calculus*, Addison Wesley

Birn, Robin J (2009), *The Effective Use of Market Research: How to drive and focus better business decisions*, Kogan Page

Brown, William S (1991), *Introducing Econometrics*, West Publishing Company

Chiang, Alpha (1984), *Fundamental Methods of Mathematical Economics*, McGraw Hill

Cox, David (1972) Regression models and life tables, *Journal of the Royal Statistical Society*, 34 (2), pp 187-220

Deaton, Angus and Muellbauer, John (1980), *Economics and Consumer Behavior*, Cambridge University Press

Egan, Mary, Manfred, Kate, Bascle, Ivan, Huet, Emmanuel and Marcil, Sharon (2009), *The Consumer's Voice: Can your company hear it?* Boston Consulting Group, Center for Consumer Insights Benchmarking 2009 [online]

available at: https://www.bcg.com/documents/file35167.pdf [accessed 30 October 2017]

Engel, James, Blackwell, Roger and Miniard, Paul (1995), *Consumer Behavior*, Dryden Press

Greene, William H (1993) *Econometric Analysis*, Prentice Hall

Grigsby, Mike (2002) Modeling elasticity, *Canadian Journal of Marketing Research*, 20 (2), p 72

Grigsby, Mike (2014) Rethinking RFM, *Marketing Insights*, March, p 22 onwards

Hair, Joseph, Anderson, Rolph, Tatham, Ronald and Black, William (1998), *Multivariate Data Analysis*, Prentice Hall

Hamburg, Morris (1987), *Statistical Analysis for Decision Making*, Harcourt Brace Jovanovich

Hazlitt, Henry (1979), *Economics in One Lesson: The shortest and surest way to understand basic economics*, Crown Publishers

Hughes, Arthur M (1996), *The Complete Database Marketer*, McGraw Hill

Information Week (2005) *SmartAdvice: The New Face of Project Management* [online] available at: https://www.informationweek.com/smartadvice-the-newface-of-project-management/d/d-id/1035671 [accessed 30 October 2017]

Intriligator, Michael D, Bodkin, Ronald G and Hsiao, Cheng (1996), *Econometric Models, Techniques and Applications*, Prentice Hall

Jackson, Rob and Wang, Paul (1997), *Strategic Database Marketing*, NTC Business Books

Kachigan, Sam (1991), *Multivariate Statistical Analysis: A conceptual introduction*, Radius Press

Kennedy, Peter (1998), *A Guide to Econometrics*, MIT Press

Kmenta, Jan (1986), *Elements of Econometrics*, Macmillan

Kotler, Philip (1967), *Marketing Management: Analysis, planning and control*, Prentice Hall

Kotler, Philip (1989), From mass marketing to mass customization, *Planning Review*, 17 (5), pp 10-47

Lancaster, Kelvin (1971), *Consumer Demand*, Columbia University Press

Leeflang, Peter, SH, Wittink, Dick, Wedel, Michel and Naert, Philippe (2000), *Building Models for Marketing Decisions*, Kluwer Academic Publishers

Levitt, Theodore (1960), Marketing myopia, *Harvard Business Review*, 38, pp 24-47

Lilien, Gary, Kotler, Philip and Moorthy, K Sridhar (2002), *Marketing Models*, Prentice-Hall International editions

Lindsay, Cotton Mather (1982), *Applied Price Theory*, Dryden Press

MacQueen, James B (1967), Some methods for classification and analysis of multivariate observations, in *Proceedings of 5th Berkeley Symposium on Mathematical Statistics and Probability*, University of California Press

Magidson, Jay and Vermunt, Jeroen (2002), A nontechnical introduction to latent class models, *Statistical Innovations*, white paper [online] http://statisticalinnovations.com/technicalsupport/lcmodels2.pdf

Magidson, Jay and Vermunt, Jeroen (2002), Latent class models for clustering: a comparison with K-means, *Canadian Journal of Marketing Research*, 20, pp 37-44

Myers, James H (1996), *Segmentation and Positioning for Strategic Marketing Decisions*, American Marketing Association

Porter, Michael (1979), How competitive forces shape strategy, *Harvard Business Review*, March/April, pp 137-45

Porter, Michael (1980), *Competitive Strategy*, The Free Press

Rich, David, McCarthy, Brian and Harris, Jeanne (2009), *Getting Serious about Analytics: Better insights, better outcomes*, Accenture [online] available at: http://www.umsl.edu/~sauterv/DSS/Accenture_Getting_Serious_About_

Analytics.pdf [accessed 30 October 2017]

Samuelson, Paul (1947), *Foundations of Economic Analysis*, Harvard UniversityPress

Schnaars, Steven P (1997), *Marketing Strategy: Customers & competition*, The Free Press

Silberberg, Eugene (1990), *The Structure of Economics: A mathematical analysis*, McGraw Hill

Sorger, Stephan (2013), *Marketing Analytics*, Admiral Press

Stone, Merlin, Bond, Alison and Foss, Bryan (2004), *Consumer Insight: How to use data and market research to get closer to your customer*, Kogan Page

Sudman, Seymour and Blair, Edward (1998), *Marketing Research: A problem solving approach*, McGraw Hill

Takayama, Akira (1993), *Analytical Methods in Economics*, University of Michigan Press

Treacy, Michael and Wiersema, Fred (1997), *The Discipline of Market Leaders: Choose your customers, narrow your focus, dominate your market*, Addison Wesley

Urban, Glen L and Star, Steven H (1991), *Advanced Marketing Strategy: Phenomena, analysis and decisions*, Prentice Hall

Varian, Hal (1992), *Microeconomic Analysis*, W.W. Norton & Company

Wedel, Michel and Kamakura, Wagner A (1998), *Market Segmentation: Conceptual and methodological foundations*, Kluwer Academic Publishers

Weinstein, Art (1994), *Market Segmentation: Using demographics, psychographics and other niche marketing techniques to predict and model customer behavior*, Irwin Professional Publishing

索引

消費者行為市場分析技術：數據演算如何提供行銷解決方案

作　　者——麥可・格里斯比　　發 行 人——蘇拾平
　　　　　　（Mike Grigsby）　　總 編 輯——蘇拾平
譯　　者——張簡守展　　　　　　編 輯 部——王曉瑩
特約編輯——洪禎璐　　　　　　　行 銷 部——陳詩婷、曾志傑、蔡佳妘、廖倚萱
　　　　　　　　　　　　　　　　業 務 部——王綏晨、邱紹溢、劉文雅

出版社——本事出版
　　　　　台北市松山區復興北路333號11樓之4
　　　　　電話：(02) 2718-2001　傳眞：(02) 2718-1258
　　　　　E-mail：andbooks@andbooks.com.tw
發　　行——大雁文化事業股份有限公司
　　　　　地址：台北市松山區復興北路333號11樓之4
　　　　　電話：(02) 2718-2001
　　　　　傳眞：(02) 2718-1258

美術設計——COPY
內頁排版——陳瑜安工作室
印　　刷——上晴彩色印刷製版有限公司
2019 年 5 月初版
2023 年 8 月二版1刷
紙本書定價　550元
電子書定價　385元

Marketing Analytics, 2nd edition, by Mike Grigsby
Copyright © Mike Grigsby, 2015, 2018
This translation of Marketing Analytics 2nd edition is published by
arrangement with Kogan Page.
All rights reserved.
Complex Chinese rights arranged through CA-LINK International LLC (www.ca-link.com)

國家圖書館出版品預行編目資料
消費者行為市場分析技術：數據演算如何提供行銷解決方案
麥可・格里斯比（Mike Grigsby）　張簡守展／譯
譯自：Marketing Analytics, 2nd edition, A practical guide to improving
consumer insights using data techniques
——.二版.——臺北市；本事出版；大雁文化發行，2023年8月
面　；　公分. –
ISBN 978-626-7074-53-4 (平裝)
1.CST: 市場分析　2.CST: 行銷管理
496　　　　　　　112008827